THE NINE KINDS
OF GREAT ADVANTAGE OWNING BY SUCCESSFUL MEN

成功男人的九大资本

从经营自己的强项开始
发掘上帝赋予你的资本，去创造积极而全新的生活，铺垫你生命的轨道
用阅历磨炼自己，用知识丰富自己，用智慧管理自己
在困难中寻求成功，在工作中承担责任，在健康中享受生命，在坚定中走向成熟

男人真正的资本，不是来自外表，
而是来自精神、气质

■ 刘子仲/编著

天津科学技术出版社

图书在版编目(CIP)数据

成功男人的九大资本/刘子仲编著.
—天津:天津科学技术出版社,2009.9
ISBN 978 – 7 – 5308 – 5380 – 1

Ⅰ.成… Ⅱ.刘… Ⅲ.男性—成功心理学—通俗读物
Ⅳ.B848.4 – 49

中国版本图书馆 CIP 数据核字(2009)第 178389 号

责任编辑:郑　新　王　彤
责任印制:王　莹

天津科学技术出版社出版
出版人:胡振泰
天津市西康路 35 号　邮编:300051
电话:(022)23332674(编辑室)　23332393(发行部)
网址:www.tjkjcbs.com.cn
新华书店经销
北京建泰印刷有限公司印刷

开本 787×1092　1/16　印张 21.25　字数 267 000
2009 年 10 月第 1 版第 1 次印刷
定价:32.80 元

前　言

在这个世界里，"男人"这个名词往往是伟大的象征。男人能叱咤风云，男人能顶天立地。他们肩负着家庭的重担和社会的压力，为了生活和理想努力奋斗。但不是每个男人都能幸福快乐地生活，有些男人渴望成功却不够努力，有些男人虽然事业成功却家庭破碎，还有些男人虽然幸福成功但却失去了健康……

也许你总是抱着很美好的幻想，相信自己的才华能得到施展，相信自己的抱负能很快实现，相信世界公平到只要你付出就有回报，相信是金子就能发光……但是，现实往往不是这样的。

然而现实对任何人来说，既不是天堂也不是地狱。因为，无论你出身如何，世界都不会因你而改变，你是一个小宇宙，而心态便是这个小宇宙里至高无上的国王。真正勇敢的男人，是从来都不惧怕现实的。

人生的意义在于追求，比如追求成功与富裕，追求自由与爱情，追求人生的美好是切实可行而且无可厚非的一件事。它能让你在品味生活的艰辛、困苦、压力的同时，使你的人生逐渐完美，熠熠发光。

追求之所以伟大，就在于它不但能让你看到幸福，同时也能让你周围的人享受到幸福。你在社会上争取到更多的尊重和价值，就意味着能为你的孩子提供更多健康成长的条件，能为深爱你的女人呈上更温暖宽厚的臂膀，能让挚爱你的双亲有个更安稳美好的晚年，意味着你有更多的力量去帮助那些需要帮助的人……

正如水的形状取决于盛水的碗的形状一样，男人的命运取决于他面对世界时呈现的姿态。这种姿态，便是魅力，是男人最基本的也是最核心、最灵魂的的东西。一个具有人格魅力的男人应该是多面的、丰富的。他有着自己的个性所为，有着现实中的冷静思考，也有着机智思维的能力。

魅力来源于诸多要素的几何叠加：男人的感性是魅力形成的基础，男人的理性是魅力形成的必要条件，男人的知性是魅力的提升。

有魅力的男人，会保持心灵的平和，能善待自己和他人，如清风拂面，如细雨润心；有魅力的男人如同一杯清水冲泡的茶，杯中茶叶的飘舞给你带来无限的美好幻想，静止下来的叶片让你清楚看到它的沉寂，怡人的茶香能弥散到全身的每一处神经，让你良久回味于甘甜之中；有魅力的男人犹如一首悠扬的歌，优美的旋律飘荡，浸润了生命的每一个季节；有魅力的男人，可以不浪漫，但是要温情；可以不豪爽，但是要大气；可以不细腻，但是要雅致。

男人的魅力，是一种意志的展现，一种态度的表达，一种行为的延伸。男人的魅力是热血，是豪情，是不易轻洒的泪水，是所向披靡、大义凛然而战无不胜的气概。

魅力要求你必须带着成功的野心和时不我待的紧迫感奋力地打拼未来；要求你懂得管理、利用自己的人生资源，与其他社会人保持更高的整合度；要求你明确方向，用双手打造出自己的一片天空，从而摆脱命运的桎梏，成为命运的主宰者；要求你具有独立的个性、较强的自控能力和适当的幽默思维……

所有的一切，你都准备好了吗？本书全面解读了魅力男人应该具有的一切品质，为你的伟大前程提供一份行动指南，让你找到到人生成功与幸福的密码。

目 录

第一章 男人的形象资本——良好形象助你一臂之力

1. 高雅男士的标准 ································· 2
2. 男人的潇洒与风采 ····························· 4
3. 如何塑造男性的儒雅 ·························· 8
4. 从衣着和饰品看男人的个性 ················ 11
5. 从手机和座车看男人的个性 ················ 16
6. 女人心目中最有魅力的男性 ················ 21

第二章 男人的心理资本——心态与成功

1. 男人的人生蓝图 ······························· 26
2. 男人的心理危机 ······························· 29
3. 男人的心理压力 ······························· 32
4. 男人成功的大忌 ······························· 36
5. 男人健康的生活态度 ························· 42
6. 成功男人必备的健康心理 ··················· 45

7．成功男人必备的良好习惯 …………………………………… 51

8．杰出男人的性格特征 ………………………………………… 56

第三章 男人的品位资本——无形的智慧和财富

1．知识——品位男人的力量源泉 ……………………………… 60

2．魅力男人必备的三个条件 …………………………………… 62

3．品位男人的三盏明灯 ………………………………………… 64

4．成功男人的品位生活 ………………………………………… 67

5．品位男人生活之茶 …………………………………………… 72

6．品位男人生活之酒 …………………………………………… 81

7．品位男人生活之香水 ………………………………………… 88

第四章 男人的财富资本——你不理财，财不理你

1．男人的财富观 ………………………………………………… 96

2．男人理财的阶段性特点 ……………………………………… 102

3．好男人的理财之道 …………………………………………… 104

4．"零储蓄族"的存钱必修课 ………………………………… 110

5．男人理财的十大忠告 ………………………………………… 114

6．投资的十大戒律 ……………………………………………… 116

7．让你财富增值的七条真理 …………………………………… 118

8．决定你是富人还是穷人的12条标准 ……………………… 121

9．有钱的男人不能变坏 ………………………………………… 126

第五章 男人的职业资本——安身立命的根本途径

1. 清晰你的职业规划 …………………………… 130
2. 12种动物精神求职 …………………………… 135
3. 打入公司主流群体的7种策略 ……………… 138
4. 事业成功的15种能力 ………………………… 142
5. 不利于职场成功的15种性格 ………………… 148
6. 获得上司赏识的诀窍 ………………………… 153
7. 职场晋升须知 ………………………………… 155
8. 培养你的领袖气质 …………………………… 159
9. 你创业了吗？ ………………………………… 163

第六章 男人的社交资本——好人脉成就好命运

1. 关于社交礼仪 ………………………………… 170
2. 巧妙利用自我介绍 …………………………… 174
3. 男人社交禁忌 ………………………………… 177
4. 商界人士谈话交往中的礼仪 ………………… 181
5. 职场人际关系的至尊宝典 …………………… 186
6. 如何与不同品性的人交往 …………………… 195
7. 人际关系中的8种距离 ……………………… 201
8. 影响你前途的10种交往心理 ………………… 203

第七章　男人的情商资本——优秀不是一时的行为

1. 全面提升你的情商 …… 208
2. 不要让坏情绪左右你 …… 210
3. 高智商男人是这样赢得成功的 …… 211
4. 男人要勇于克服自卑 …… 214
5. 克服粗心大意的4种方法 …… 220
6. 男人应具备的10种心态 …… 223
7. 男人心理成熟的标准 …… 229
8. 男人一定要懂的22个道理 …… 232
9. 中国男人最忌讳的7句话 …… 234
10. 写给40岁男人的18个忠告 …… 237
11. 历史上最标准的16种男人 …… 240

第八章　男人的婚恋资本——爱情是你温暖的港湾

1. 男人吸引女人的魅力 …… 248
2. 男人如何赢得爱人的芳心 …… 252
3. 教你如何谈恋爱 …… 259
4. 男人为什么总在乎女人的过去 …… 262
5. 男人要把妻子永远当作情人 …… 266
6. 男人要远离9种女人 …… 268
7. 男人必读的女人心事 …… 271
8. 男人保养婚姻谨记5大秘诀 …… 275
9. 写给男人的10句"悄悄话" …… 278

10．男女间情感的20个秘密 …………………………… 281

第九章 男人的健康资本——健康是一切的源头

1．男人的体检与营养 ………………………………… 286
2．男性的焦虑与保养 ………………………………… 292
3．日常护身必备的8大法宝 ………………………… 296
4．排毒，让你远离男科病 …………………………… 300
5．男人最怕的9种疼痛 ……………………………… 304
6．男人的健康沐浴与皮肤保养 ……………………… 309
7．25招让男人精力旺盛 …………………………… 315
8．养生保健要平衡膳食 ……………………………… 322
9．健身十戒让你更健康 ……………………………… 325

第一章　男人的形象资本
——良好形象助你一臂之力

社会的发展、文明的进步都在要求男人更好地关注自身。这除了注重完善自身言谈、举止等内在修养外，还应包括对个人外在形象的包装。男人爱美不像女人那般投入，但若不注意自己的形象，就会使你给别人留下的整体印象大打折扣。好的外在形象不仅让你容光焕发，风流倜傥，甚至可以使你在人际交往和事业方面蒸蒸日上。

成功男人的九大资本

1. 高雅男士的标准

男人的高雅是有标准的，表现在以下方面：

（1）一双手伸出来要修长干净，指甲要修剪整齐。

（2）虽然不抽烟，但是要随身带一个高雅的打火机。

（3）天天换衬衫，保证领口和袖口的平整，最好使用袖扣。

（4）腰间不要悬挂物品，如手机、钥匙等。

（5）与人相处时，不要放过任何一个细节，对其加以照顾，但不要做作。

（6）吃饭的时候，不要发出比较大的声音。

（7）经常要使用礼貌用语，并成为习惯，如：您好！谢谢！请慢走！再见！见到您很高兴！

（8）寻求宁净的心灵，同时要爱读书，多读文学、艺术等方面的书。

（9）喜怒不显于色。

（10）对待爱情要十分慎重。

这是我们要达到高雅的十个标准，大家平时要多对照，看自己做到了没有。

男人变得高雅以后，就有了风度，就会产生魅力，男女老少都会喜欢你。有了魅力就会产生魄力，没有魅力而一味的使用权力去压迫员工，就会遭到大家的反对。

能够成大事的男人有一种天生的本事，他无论走到哪里都会成为中心人物，很快就能缩短与周围人的距离，仿佛他们天生就属于这里。魅力是一种可贵的品质，不可能与任何低贱联系起来。那些能够自豪的认为自己富有魅力的男人，他确实能够得到生活的很多回报。

如何才能产生魅力？
（1）自信产生魅力。
（2）男人真正的魅力是他的男子气息中蕴含着女人的温柔。
（3）不可抗拒的男性气质。
（4）男人的形象魅力。良好的形象是男人的一种无形的价值。
（5）男人最完美的魅力是成熟。成熟的男人是女人的肩膀。

第一章　男人的形象资本——良好形象助你一臂之力

成功男人的九大资本

2. 男人的潇洒与风采

什么是风度翩翩、潇洒的男人？他们往往在以下几个方面努力要求自己。

一、男人的自我打扮

在服饰方面，男人的外衣主要有中山装、西装和夹克等三种适合于社交场合，其他的运动服或法兰绒之类的软料外衣不适于社交场所。合体的上衣应长过臀部，四周下垂平展，手臂伸出，上衣的袖子刚过腕部，衬衫的袖口也应长出些。

衣袋：正是服装的外衣袋是不应放东西的，裤子背后的口袋子也不应该放东西。皮夹、手帕、钢笔等应放在里侧的口袋里。平时不要把手插在口袋里。

礼服：用于略带庄重的场合的穿着，现在通的全套的都是西装，颜色为黑灰或篮，上下一色更说明庄重，穿西服时最好也穿西服背心，因为让人看到衬衫和裤子的边接处是不雅的。领带的花色要尽可能地与衬衫外衣的颜色搭好。

风衣：风衣是大衣的一种，通常有两排纽扣和一条腰带。在正式场合一般不穿风衣。在很多活动的场合，风衣可以给你增加不少潇洒。穿风衣时让衣领树起七分高。腰带随意缚下，最下面的纽扣可以松开。风衣不穿着时,可以随意地用一只手臂换搭着,显得较有风度。

首饰:男人的首饰只限于结婚戒指和图章戒指,另外还有手表和挂表。图章戒指应戴在左手小指上,结婚戒指应戴在左手的无名指上。

鞋子:黑色和深色的鞋子可以同一切正装配用,旅游运动鞋或布鞋不能同西服配穿,中山装可以和布鞋一起穿,无带皮鞋不适合于正规场合穿。

男士着装注意事项:西装要穿着合体、优雅,符合规范。如打领带时,衣领的扣子要扣好,领带打结后要推到领口根部,下端不要超过皮带。如果是穿毛衣,领带应放在毛衣里面,如果别领带夹,应在衬衣的第二三纽扣之间,不要别在领带口。如果不系领带,应把领口解开,衬衣领也可翻到西装的外面。一般西装是两个扣子,应记住:扣子只系上面的是正规的,都不系是潇洒的,两个都系是土气,只系下面的是流气。如果是三粒扣子,只扣中间一粒或都不扣。

二、男人风度的自我培养

风度包括人的言谈举止态度,是人的心灵性格气质涵养与外在体态的综合表现。男人的风度各异,有的文质彬彬温文尔雅;有的坦率豪放坚毅果断;有的气度恢宏,深沉练达。作为政治家、外交家的周恩来总理可说是世人公认的最有风度的男人之一。周恩来在许多重大的场合上潇洒自如、挥洒自若的翩翩风度令世人为之倾倒,为许多特别是年青人所推崇、效仿。可见,在我们这个社会上,人们羡慕优美健康的风度,向往和追求风度美,已经成为生活中的潮流。然而,要使自己拥有优雅的风度,并非一朝一夕的事,它需要持久而艰苦的自我磨砺。

成功男人的九大资本

男人良好的习惯是风度美的条件。保持站、坐、走优美的姿势和良好的生活习惯是必要的。一些男士认为。只要有美的相貌，就具备美的形象。殊不知，这种美是不安全的。从审美的角度看："相貌美高于色泽美，而秀雅合适的动作的美又高于相貌的美。"一个男人长得再漂亮，如果很不顺眼，他那漂亮的脸蛋也会黯然失色。

在日常生活中，我们经常可以看到一个男人的不良习惯，如屁股坐在椅子上，脚却蹬在桌子上、走起路来没精打采、不讲卫生、随地吐痰，等等，极不雅观，更谈不上什么风度了。男人要想具有优美的风度就要下工夫培养自己各方面的良好习惯，言谈举止动静坐行都要符合规范。如走路要昂首挺胸，步履轻盈，体态端庄，欣欣而来飘然而去，给人留下健康向上的风度美的印象，在培养风度的过程中，锻炼身体也是很重要的健美，也是很重要的。

内心世界和外部神态的有机统一，才能构成一个男人真独特风度。风度是一种内在的气质的天然流露。言为心声，行为神使。很难想象一个心灵龌龊的男人会有优美的风度，精神面貌直接影到人的外观表现，所以，单一的外形体态是决定不了风度美的，只有具有美德，风度美才有价值的。

美好的风度，靠盲目的模仿是不行的，留长发、叼烟卷、戴歪帽、斜眼，装出一副潇洒的样子给人看，矫揉造作，反而弄巧成拙，显得轻浮粗俗，更没有什么风度可言。只有从提高自身的素质，培养各种良好的习惯开始，男人优雅的风度才会慢慢地养成。

三、男人总是要不断地学习

男人要使自己的气质高贵，必须要掌握渊博的知识：而要有渊博的知识，就必须通过长时间的学习。

如果说最初人类学习是生存的一种需要，那么现代人类的学习则是人类发展的动力。在现代社会里，学习已经成为人类的伴侣，成为人们提高思想境界和生活质量的必由之路。凡是善于学习，自觉学习的男人，往往因为有知识、有才华，气质显得高贵；而那些不愿意学习的男人，不善于学习的男人，则因他们的无知而毫无气质可言。如今，学习能力已成为衡量现代男人的标志之一。学习不仅是学生的事，而且已经成为当代每一个男人求生存、求发展的重要途径。

所谓的学习，是指人在社会生活中获得经验的过程，是一个接受知识增长、学识提高能力的智力过程。

培根说过："知识就是力量"。但知识本身并不能成为力量，所以男人必须灵活掌握知识的实际应用，使知识内化为主体素质，化为主体的学识和能力，才能显示无穷的力量。高贵的气质和人格力量才能体现出来。

现代科学知识综合化发展的特点和趋势促使男人不能把自己的知识局限于某方面，而要不断地扩大自己的知识面和视野，扩大学习和研究的领域。如果不这样，男人的思路、谈吐就会受到限制，显得狭小、枯燥、无味，根本谈不上气质了。因此，男人还应注意拓宽自己的知识面，有目的、有计划地博览群书，博采众长。只有这样的博学才能有助于智力的开发，学识的增长，也才能使自己的气质高贵。

成功男人的九大资本

3. 如何塑造男性的儒雅

儒雅,《汉语辞典》解释为两义:一是学识深湛,二是气度温文尔雅。其实,这两解也是互为因果关系的,只有学识深湛,才能真正做到气度温文尔雅;而气度温文尔雅,则是学识深湛的外在表现。

儒雅风度,不是装腔作势,故作高深;不是掉书袋,乱矫情。儒雅是骨子里的东西,真正儒雅的人,一举手一投足,就能体现出来,无须刻意表现。有的人看着也挺儒雅,一身名牌行头,风度翩翩的,但胸无点墨,谈吐粗俗,一张嘴就会露馅,活像一个土财主、暴发户。

读书人儒雅,那没话说,他就理应如此,因为这是他的本分,也是他与众不同的身份特征。潇洒飘逸、"斗酒诗百篇"的李太白,才高八斗、出口成章的曹子建,才思敏捷、风流倜傥的苏东坡……都让人们无限神往。读万卷书,就是读书人风度儒雅的雄厚基础;当然,也有读书读傻的书呆子,那毕竟是少数。

军旅战将,使枪弄炮是看家本事,倘若同时又饱学诗书,则堪称儒将。古有秉烛夜读《春秋》通宵达旦的关云长,"雄姿英发,羽扇纶巾,谈笑间樯橹灰飞烟灭"的周公瑾;今有"弯弓射日到江南,终夜喧呼敌胆寒"的陈毅元帅,"自信挥戈能退日,河山依旧战旗红"的朱总司令……都是有名的儒将。

商场老板,既能财源茂盛又学识不凡者,叫儒商。海尔集团的老总张瑞敏,就是其中翘楚。他不仅自己酷爱读书,学识渊博,而且把儒家文化的精华运用到企业管理中,成功地把海尔集团打造成了一个既有丰厚利润，又有浓郁文化氛围的现代化大企业。

演艺圈里也有不少儒雅的演员，喜欢读书，学养深厚，似可称"儒伶"。老一代的有梅兰芳、孙道临、于是之……中年的有李保田、陈道明、唐国强……青年演员里就少得可怜了。

时下，青年演员无心读书，拼命捞钱，儒雅的演员越来越少，这可不是个好兆头。因为，没有文化积淀，任你上的戏再多，也只能是个演员，而成不了艺术家。

官员中那些博学多识、气度不凡者，或可称"儒官"。从理论上说，一个官员受过那么多教育和熏陶，又是知识化、专业化，他理所当然应该有儒雅风度，因而，官员儒雅应是正常和普遍的，粗野粗俗则是反常和个别的。但现实生活中，好像还不是这么回事，儒雅的官员不多，粗俗的官员倒是不少。

那么，儒雅官员到底该是什么样？温家宝总理在2004年人大记者招待会上的儒雅风度，堪称楷模。温总理面对各国记者，引经据典，侃侃而谈，诗词典故，信手拈来，妙语连珠，风度儒雅，令人倾倒。温总理为什么有这样的渊博学识和儒雅风度？答案其实也很简单，这就是温总理接受美国《华盛顿邮报》总编采访时说的那句话："我最大的爱好就是读书。读书伴随着我的整个生活。"那些钦佩温总理儒雅风度的官员，要想使自己也变得儒雅起来，唯一的办法就是多读书。

如今，社会进步，经济发展，"衣丰食足"之后，许多人都想进一步提升自己的品位和格调，也就是想变得儒雅起来，这是好事。一个社会，如果多一些儒将、儒商、儒伶、儒官……对提高文明程度，净化社会风气，都大有裨益。

但须知，儒雅要靠知识和学养来支撑，儒雅要靠长期的自觉修炼才能奏效，没什么捷径可走，正所谓"腹有诗书气自华"。不肯读书学习，没有文化修养，天天泡在酒桌、舞池里的人，即便是硬学着人

成功男人的九大资本

家的儒雅风度，也只能学点皮毛，学成四不像，附庸风雅，不伦不类，很容易贻笑大方。

4．从衣着和饰品看男人的个性

在生活中，男人在不同的场合也要穿不同的衣服。不过每个男人都会有一种类型的衣服是自己偏爱的。就算他们不注重衣着的打扮，我们不妨细心留意一下，他们总是多买同类型的衣服。

一个有品味的男人，除了注意服装品牌，质地选择外，还会对领带、皮带甚至打火机、皮夹等进行仔细选购。因为这些虽然都是细节，但却是男人必须的随身品，对塑造男人形象有着不可忽视的作用。

这些物件与女性饰品的装饰性相比，更具有实用性，如领带、火机等，既实用又能衬托出男人个性的情趣。

一、从衣着看个性

俗话说："人配衣装，马配鞍"，"三分长相，七分打扮"。美国前总统卡特甚爱穿牛仔装，即使出席白宫会议也照穿不误。而耐人寻味的是，一些黑手党成员常穿蓝色粗条纹西服，因为这种颜色表示安定，这深刻反映出他们本能上寻求安稳生活的要求。

（1）穿着超越社会时代的衣饰，内心有强烈的优越感。

（2）爱穿宽大衣服的人，具有个人显示欲。

（3）喜欢打纯色或华丽色调领带的人表示自信和自傲的意识。

（4）衣服朴素者，属顺应社会型，但也缺乏个性。

（5）整体很朴素，但某一部分讲究，是表面的顺应，内心有一些看法。

（6）明知不适合自己，仍拼命追求的人，内心孤独。

（7）一点也不关心流行服饰的人，个性强，但可能有自卑感，同时缺乏灵活性。

（8）衣服"一天一个样"的人，情绪不稳定，有逃避现实的欲望。

（9）服装突然改变，心理也有了大的转变。

二、领带，点睛之笔

在这个满载商业气息、科技信息的时代，作为男人的标志有很多，但在服饰领域最具代表性、最值得一提的当属领带了。男人可能也会像女人选口红一样细致耐心地为自己挑选领带的纹样。领带这个从上到下的点睛之笔，男人们应该如何画呢？

（1）领带的外貌

领带长度可以说是变化多多，较好的领带一般都较长一些，标准长度是55～66英寸。拿一条你系着合适的领带量一量它的长度，练习新领带时一定要拿它作为参照尺寸。

领带的宽度也很重要。对于具体一件西装，没有固定的精确计算方法能够用来确定领带的恰当宽度。尽管如此，领带的宽度基本上应当与西装翻领的宽度相当。目前，领带的标准宽度是最宽的一头为4～4.5英寸。

（2）领带的面料

真丝可以说是最好的领带面料，其次是仿真丝的化纤面料，或者是真丝与化纤混纺的面料，这些面料最为合适。再次是纯毛面料，最后是纯棉面料。

真丝领带主要有三类，其中最轻的是印花薄软绸领带。印花薄软绸领带优美典雅，值得注意的是，如果想使它打的结美观而持久，就必须有挺而括的衬里，所以最好选择一些有品质的真丝领带，这样可以最大限度保证其内外品质的统一。

其次是有规则的，或按照一般方法织出的真丝领带，即单色真丝领带。它表面闪亮，但并不刺眼，而且几乎可以适合搭配各色服饰。

最后是丝织领带，这种领带的效果令人难以把握，因质地厚重，所以必须保证衬里的柔软，不然很难打出优质的结。

说到完全用化纤面料做成的领带，原则只有一条：如果它外观近似于真丝领带，那你就买下来，反之，不要购买。

化纤与真丝混纺的领带具有真丝领带的雅致，又具有化纤领带的强度，基于这些优点，购买这种领带是个不错的选择。

纯毛领带的三种主要类型。首先是针织领带，它通常属于运动型领带，可作为运动装的领带佩戴。毛线领带的外观十分厚重，因此，你如果想把它与最厚重的冬季运动夹克衫相配，它的面料应当与夹克衫面料相呼应。最后一类是薄呢领带。这种领带的织法更美观、平整。不同的是它不像真丝领带那么闪亮，这使它显得不那么正式。它比真丝领带更耐久、更经得起干洗、更适于旅行使用，因此，它的用途较广。

（3）平衡内外和谐搭配

一般的男性都会为自己准备几条领带。西装、领带、衬衣三者的色调应该是和谐的，而领带是三者中最醒目的，领带的主色调一定要与衬衫有所区别。当领带选择与外衣同色系时，颜色要比外衣更鲜明；当领带采取与西装对比的搭配方法时，领带颜色的纯度要降低。单色、条纹、圆点、细格、规则图案，都是最常规的。穿礼服时，领带颜色尽可能庄重些，尽量避免搭配像大花图案、色彩斑斓的领带。如果不是特殊嗜好，最好不要用鲜红色的领带。

领带的扎法原则是：衬衣的领角越大，领带结扎得越大；领角越尖，领带结扎得越小；如果穿三件套装，要将领带放入背心里。有的男士领带的打法以细长为主，看上去修长、斯文，很适应复古风潮。

最后注意：送购领带时应避免一切在色彩、图案、形状和尺寸上不同寻常的领带。

三、皮带，腰间一张"脸"

俗话说皮带是男人腰间的一张"脸"，可见其重要性是其他服饰配件无法取代的。

一般情况下，皮带的质地、花色、钩扣决定了它的价值。市面上常见的皮带有猪革、牛皮、羊皮、鳄鱼皮，以及休闲的帆布腰带。各种质地的皮带由于加工鞣制过程不同，而呈现出多样的风格。猪皮和羊皮经剥离分层后，更为柔软；牛皮有种身骨硬挺的感觉；鳄鱼皮则是档次较高的选择。

男人皮带的花色同着装的整体搭配密切相关。正式场合穿着笔挺的西服时，腰带的花色应和皮鞋保持一致。质地较好的黑色皮带是男人必备的饰品。在同其他服饰搭配时，色彩也应同总体风格相协调。

此外，在选用皮带时，应注意几个细节。首先，皮带上不能挂过多的物品，简洁、干练才是男人的特征。其次，皮带的长度是不应忽视的，系好后的皮带，尾端应介于第一和第二裤绊之间。第三，皮带的宽度应保持在三厘米。太窄，会失去男性阳刚之气；太宽只适合于休闲、牛仔风格的装束。

四、打火机，个性视窗

打火机可谓抽烟男士的一个不可缺少的物件。这种时尚饰配，往往反映出男性的爱好习性，真所谓人如其配，毫不夸张。据观察，有的人随用随弃，这种人往往不拘小节，讲究实用，是务实主义者。还有的人则对情调情有独钟，他们手头上常有一只精致的品牌打火机,这是他们的爱物,也是外人窥视他们内心世界的一个窗口。

比如,有人曾断言:金色火机的主人比较外向,有追求奢华的倾向,有时比较喜欢炫耀自己;银色火机的主人则可能比较安静内向,心里浪漫而细腻;而喜欢另类色彩如紫色或黑色的则个性独特,并以自己的追求风格为荣。

附:十大国际男装品牌

(1) HugoBoss

(2) Walter

(3) GIANFRANCOFERRE

(4) GUCCI

(5) Dolce&Gabbana

(6) 川久保玲

(7) PRADA

(8) ChristianDior

(9) DommaKaran

(10) GiorgioArmani

成功男人的九大资本

5.从手机和座车看男人的个性

生活中,男人们对手机、座车的感觉与对服饰的选择往往相同,即什么人选择什么类型。难怪有人说汽车是男人的第一层衣服,里面才是真正的服装。所以,从中同样可以看出一个男人的个性。

一、从手机看男人

你只要暗地观察男性佩戴手机的位置,对照下文的类型,就能让你轻松读透一个真实的男人!

(1)喜欢把手机放于上衣口袋型

会将手机放在胸前,如衬衫上衣口袋、西装的内侧口袋,这样的男人做事不急不慢,不温不火,脚踏实地,会尽一切的努力让生活朝着他所预定的目标前进。这种男从往往比较成熟、稳重,是那种可以让女性终身依赖的男人。

爱情方面:表面上,他不一定拥有两性关系的主导权,但是在内心里,他可是操盘手。对他来说,爱情与面包是同样重要的。

工作方面:因为他富有远见卓识,就算现在的他还很年轻,尚未能在事业上有重要的建树,但将有颇为理想的发展前景。

性情方面:对形象过度重视,有时候比你还挑剔呢。

（2）喜欢把手机握在手中型

习惯将手机一直拿在手上的人，对生活有极高的热情，不到非休息不可的最后一分钟，这个男人是不会上床休息的，你可能会发现他喜欢睡在浴缸里或躺在客厅的电视机前。

爱情方面：他对伴侣的期待，是希望你有如战场上战友，和他一起对抗一切困难险阻。不过，他对情绪的敏感度是很有限的，如果你真心爱他，就必须先调整好自己对两性关系的期待，因为爱情对他来说极其重要。

工作方面：因为他的精神饱满、精力充沛，如果是从事社会交往频繁、活动量大的工作，他的发展前景将会很理想，而这对于他来说也会有如鱼得水的快乐，因为他总是喜欢挑战，喜欢刺激，不甘心平庸安稳的生活。

性情方面：有时候会有点不负责任的态度表现，但这也许是他创造性的表现，多多和他沟通吧！

（3）喜欢把手机悬挂于腰间型

很多男人会将手机挂在腰带上，原因可能是手机太大，没有其他合适的地方放，出现这样的情形你可以问他，如果可以选择的话，他会把手机放在何处。如果他还是选择挂在腰上时，你可以再注意一下他所挂的位置。挂在前方的男人，对生活中的所有事物，都有一套自己独特的想法和做法，对生活的态度是坦率而真诚的。

挂腰带后方的男人，对生活也很有创意，只是可能凡事喜欢留一手，不将事情完全说清楚，因为这是他的习惯，也是他的乐趣。

爱情方面：对爱情的态度是积极并且主动的，表达的方式或许因人而异，但是他绝对不会放弃对你表达爱意的任何一个机会。

工作方面："赚钱养家是男人的责任"，对他来说是天经地义的事，所以他会很努力地工作，甚至一天兼职三四份工作并且以此为乐。

性情方面：或许你会发现他对生活的感觉有点粗糙，换个角度看，这也是男人和女人魅力不同的地方啊！

（4）喜欢把手机放于后裤袋型

会将手机放在牛仔裤或西裤后裤袋的男人表达方式是温和、友善，却带着强烈的戒备心，他有着一些不希望别人知道的小秘密，对愈疏远的朋友表达反而愈亲密，愈接近他的身边，却发觉他愈疏远。

爱情方面：在爱情的关系方面，他会令你感到若即若离，忽远忽近的。如果你深陷其中不可自拔，请务必小心经营你们的爱情。听说过放风筝的方式吗？要得到他的爱，先给他充分的自由。

工作方面：对工作抱着很多的理想和抱负，但是常陷在思考的泥沼里，多了一点玩心，少了一点耐心。如果他的创意能与实干型的伙伴配合的话，将会有意料不到的成功。

性情方面：他的情绪起伏很大，容易多愁善感，大多是因为心里不为人知的小秘密造成的，你们在一起就多多关心他吧。

（5）喜欢把手机放在看不到的地方

所谓看不到的地方，就是将手机放在背包或者公文包里。这样的男人做事一定深思熟虑、胸有成竹。对自我的要求很高，自尊心很强，举止优雅风度，对人亲和却很少采取主动。

爱情方面：对伴侣的要求严格，除了喜欢你、爱你之外，最好你还是个各方面都很优秀的女性。这样的性格使他对爱情会有失落感的，因为100%完美的女性几乎是不存在的。多和他沟通，让他知道你很爱他。

工作方面：他是天生受上天恩宠的人，有着无穷潜力，只要抓住一次成功的机会，就有可能平步青云。但因为他的太突出，往往会招来一些小人的嫉妒，所以请他注意自己的处事方式。

性情方面：过于追求完美也会给他带来一些压力，你要多鼓励他敞开胸怀，做一个快乐的自我。

（6）经常忘带手机型

他是不是又忘了带手机了呢？像这种经常忘了带的习惯也是有

一些暗示的喔！如果你不了解他的生活目标，不要惊讶，他自己也处在迷糊的状态，不过不同的是，他可是个乐天派人，是那种俗称"没心没肺"的男人。这种男人性格外向，为人和蔼可亲，喜欢广交朋友。

爱情方面：虽然他看起来马马虎虎，但对爱可是很清楚的，是个典型的嘴花心不花的可爱男人。

工作方面：虽然老板常找不到他，却因为他对工作和对人的热情，在职场也会很也色的。

性情方面：这个男人是大智若愚的典型，在他的身上，缺点有可能就是优点哟！

二、从座车看男人

男人对于车的爱不释手，念念不忘，流连忘返，就如同男人对于看美女偷窥欲望与心理的满足，还有那些丝丝扣扣说不清，道不明的因果关系。

男人对于运动的选择除了足球场上的血拼以外，还有赛车场上的你追我赶，似乎对于在爱车这个问题上，男人比女人更有心得，更有发言权，或者更有从骨子里的渴求，到成功后的奖励与满足。

男人对于车的热爱，从小时候对名车模型的收集，到长大以后随着地位的上升和仕途的发展，又对自己的"坐骑"不断筛选与淘汰。

汽车与电脑配置不同，虽然都是技术进步的产物，但是电脑对于某些男人来说，灵魂的主机除了更新必要的硬件外，还会接着再用。而汽车不同，一般性能好的高档车用上5～8年，也只有被替代的份，就算改装出来，除了降低了一个男人的地位外，也着实让这个男人倍感压力。

无论男人们是否承认，55%的有车单身男人，跟自己爱车的对话多于女人，这是很有趣的现象，男人比女人更怕孤独更怕寂寞，所以

成功男人的九大资本

他们更渴望有自己的"坐骑",这会让他们觉得自己心里踏实。至少累了还有靠着"坐骑"上休息的空间,也有一种享受自己"坐骑"的本能对自我努力的回馈。

男人对于车的酷爱远远高于女性对车的奢求,在男人眼里越高档的车越入自己的法眼,车的档次直接标明一个男人的身价。车的性能直接反映着男人的审美观,我们从一个男人的车,就不难发现一个男人内心的秘密,还有一些对选择女性的看法。

喜欢展示与炫耀是男人的本能,也是一种历来男人征服女人的标志。男人的面子与自尊在某些时候大于他对女人的爱情,也大于他自己本身的勇气与抉择,看一个男人座车的牌标,就知道这个男人的特质与本性。

尽管大多数的男人此生把对车档次的追求作为对自己的褒奖,但是大多数的男人还是愿意此生忠实于一个女人。

美女与名车有时给人感觉很虚浮梦幻,不仅对男人如此,对女人也同样如此,所以在很多时候人总是相信自己的直觉,也想相信自己直觉背后的东西。

男人的身份除了美女与名车以外,还得学会自我认同,包括所谓光环里面的厚重与质朴,女人选男人就如同选车,尽管每款车看起来都爱不释手,只有谨慎挑选才不会迷失航向。

男人选名车就如选一个好女人,在华丽的背后,还需要简单与真实。越美艳的事物,有时就像陷阱的诱惑,受伤的除了车以外,还有人。

6．女人心目中最有魅力的男性

魅力来自一个人的复杂经历，经历单纯的男人不要奢谈魅力。

一、奋斗中的男人最有魅力

不成功的男人无力托起爱情、养育家庭，终日窝窝囊囊，看别人脸色行事；太成功的男人易惹是生非，走火入魔，容易生出别的痛苦来。如为寻求刺激而去吸毒，看着结发妻子不顺眼而去包二奶，等等。所以我认为，介于太成功和不成功之间，奋斗中的男人最有魅力。

男人的魅力在于"自行消化生活压力"的能力，这是幽默口才和娴熟风度的由来，因为在生活压力如此大的今天，如果一个男人连消化这一点压力的能耐也没有，那么，他的吸引力以降到了零。

二、执著、有冒险精神的男人才有魅力

探险旅行已成都市时尚。上海的一次探险旅游收费不低，但参与者不少。在参与探险的大多数男性中，有的人平日或许很节约，却舍得花钱去徒步穿越罗布泊，足见他们的冒险精神。上海出了个余纯顺，他执著地走啊走，最终在壮行中献出了生命，他的个性很具魅力。其实无论是做事还是旅游，具备执著的信念和冒险精神的人往往也比别的人易于成功。

成功男人的九大资本

三、有魅力的男人是女性用欣赏的目光浇灌出来的

现在有一种奇怪的观点,即认为男人婚前对女友来说,是"魅力男人",在结了婚以后,在妻子眼里却不是"魅力男人"了。从某种意义上来说,魅力的多寡,取决于社交距离的远近。一般说来,男士在办公室里很有魅力的,回到家里就没有什么魅力了。当你用放大镜去打量一个男人,西装上的一片头皮屑都让人倒胃口。所以未婚女孩觉得"好麦重穗都被采光了",而持有麦穗的人却从鼻子里嗤一声:"这也叫值得羡慕的麦穗?"。这就是所谓的"皮翁"效应:你越觉得他值得欣赏,你也许就越觉得与他在一起是你的幸运;你越抱怨他,他也许就越发光泽黯淡了。

四、男人魅力的体现

(1)对自己的外表充满信心,对自己性感与否并不特别在意。一个男人,如果在夏天光着膀子只穿一条大短裤在街上晃来晃去,我想没有一个女人会喜欢这样的男人。男人对外在美的表现方式通常是随意的,就像你在街上常见的男人。他们穿的最多的是休闲装,擦肩而过时,平淡得会令你毫无知觉。但如果你熟悉他、了解他,你一定会知道男人的魅力是"由内而外"的。

良好的生活态度、社会形象,比起出色的穿衣品位来更能让男人富有魅力,甚至也许因为你内在的魅力,加上外在的一点点不合体的东西,反而会成为别人欣赏你的借口。

(2)言谈幽默机智,外表充满力量,抑扬顿挫、柔和低沉的声音;事无论大小,都能正确地判断,有一种天生的领导的能力。

(3)健康的体魄,宽阔的肩膀和发达的胸肌,这些都让让女性们感觉有一种安全感。

（4）宽厚坦荡的心胸，对孩子充满爱心；尊重妇女，在女性面前表现优雅的绅士风度；外表温文尔雅，并不代表性格上的软弱无力；外表粗犷硬朗，内心并非没有柔情似水。男人之美，它表现在积极面对困境，真诚面对亲情。出色的男人懂得把握刚与柔的尺度。

（5）诚实守信用；懂得礼仪，脸上常常浮现笑容。

（6）责任心；在婚姻生活中，男人的责任更加重大。虽然家务活大多数是女性干，但偶然下厨房为家人做一顿饭；在家中帮忙干一些修理活；这些都是对家的一种责任心；男人要立业，要担负对家庭、社会的责任，要对妻儿老小关怀呵护。男人要海纳百川，要懂得包容、体谅，这话说起来容易，做起来很难。但身为男人，必须如此。

（7）懂得欣赏艺术；会哼唱一二首时下正在流行的歌曲；辛勤工作，事业有成，具有上进心。

（8）干净整洁，每日更换内衣；如果几天也不换一次衣服的男人真的很令人讨厌的哦！思想成熟的男人才是最有魅力的，作为女性真正能走近一个男人，给予他们理解与支持，帮他们撑起一片天空，让他们有更大的空间去展示自己独特的魅力。

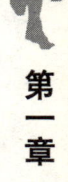

第一章 男人的形象资本——良好形象助你一臂之力

第二章　男人的心理资本
——心态与成功

　　人与人之间只有很小的差别，但这种很小的差别却往往造成巨大的差异，很小的差别就是所具备的心态。一个成功的男人，必将是要经历一些生活的磨难和心灵的挣扎。在漫漫长路上不断跌倒，不断坚强。你是一个小宇宙，而心态就是这个小宇宙里至高无上的国王，男人应有的信念是"你行，我也行；我行，你未必行。"

成功男人的九大资本

1.男人的人生蓝图

男人有了开创事业的理想和信念后,要真正地实现事业的成功,还应该制定一个可行的蓝图。

一、瞻望未来

回答下列7个问题,作答前要充分思考,用铅笔写,以便你可以补充或迅速更改。

(1)我想到哪十种可能,可以作为长期事业?
(2)其中哪些是我真正喜欢的?
(3)吸引我的有哪些方面?为什么?
(4)哪些因素妨碍我自由选择?如何妨碍?
(5)回顾前四题答案,选出一个清晰·有意义·而且可以实现的事业图,写一段大约100字的叙述。
(6)我怎样才能让别人(什么人?)完全了解我的事业图?
(7)我有没有别的可能产生冲突的长期目标(将目标和冲突种类分列出来)?

以上是你"未来远景图"报告大要。找点时间思考。除了智力外,也运用情感来帮助你。

等你觉得已清楚要往那里走了,便可以继续下一步。

二、确定你的图像

要开拓事业的男人不妨先将自己视为"商品"并运用既成的市场学做类似的分析,也可以从中获益良多。

回答下列 3 个问题,除非你觉得很有信心,否则用铅笔写。

(1)我们每个人都拥有一些才能、技巧、知识、资源等,可能别人想买,这一些就是"能出售的属性"回想你过去的时光,并把你目前"能出售的属性"列出来,以便评估可能对"雇主、使用人"的吸引力。

(2)现在你得想一想你的"竞争者",就是也能够提供你想提供的特质的团体、人,或"机构、电子系统"。

把你今天面临的实际竞争者列出来,并区分"极弱""弱""中等""强""极强"各等级。

想一想往后十年内这些竞争者的可能变化,有什么因素影响他们的强弱?

(3)接着考虑你要做什么努力,才能发展可以出售的新资产,借此帮助实现你的"未来远景图":

你当前正在尝试获取什么可以出售的新属性?

往后两年内,你计划取得什么可以出售的新属性?

你目前投资于发展可以出售的新属性的时间比率是多少?

对这些有了清楚的认识和把握后,在未来走向事业成功的道路上就会收到事业功倍的效果。

☆温馨提示:

(1)一个人应该追求超过他手掌所能掌握的,否则上天存在的目的是什么?

(2)要想成为一个男子汉,要特别注意道德情操上的塑造。如果说学识和才能是男子汉的身手,理想和志气是男子汉的动力,那么

成功男人的九大资本

道德情操则是男子汉的灵魂。

（3）在工作岗位上，即使别人不去要求你做得最好，你应该要求自己做得更好，简称自我要求。负责任的男人必须懂得自己要怎样做。

（4）一个人只有一个心脏，同样一对恋人、一个家庭、一个团队也只有一个思想，懂得怎样去管理别人和被别人管理，简称合作无间或心有灵犀。这叫运筹帷幄之中，决胜千里之外。

（5）宽宏大量是男人的本钱……

（6）少说废话，多干实事，只要你肯去做，你就会成功。言之非难，行之为难。

（7）有什么解决不了的，可以一个人去到蓝天翠绿的地方，想一想，我要做什么？不论怎样，你这时还活着就是最大的本钱……

2. 男人的心理危机

43~45岁之间男人将在生理上发生巨大的变化。为此国际卫生组织把44岁定为青年和壮年的分界点。人的生命曲线从高峰跌下，而工作和家庭的负担曲线向上升，这两条剪刀状曲线的相交处正是44岁。所以44岁又可称为"中年剪刀"的轴。

由于生理上的变化，使中年男人在心理、思维和工作等方面都会发生显著的变化，出现了信念危机、生理危机、事业危机、职业危机、人性危机、心理危机、情感危机和亲子危机等8种危机。其中心理危机主要有以下表现。

一、孤独

44岁的男人忙忙碌碌，负载着家庭和事业。由于一头扎在自己的天地里，很少有时间与别人进行交流，44岁男人会备感孤独。竞争空前激烈，人与人之间的关系越来越冷漠。彼此产生警戒之心。成功的44岁男人有种高处不胜寒的感觉。事业进展不顺的44岁男人难免会产生沮丧、压抑的感觉。

"我的心已老"是44岁男人常发出的感慨。大多数中年人都会有内在的、精神上的孤独。在现实生活中，一个44岁的男人没有一个知己不足为奇，许多人都承认他们没有一个可以完全依赖和吐露心事的亲密无间的朋友。然而，他们之间的大多数又似乎都认为这

种现象是正常的，可以接受的。内心世界的封闭使人们无法通过情感交流建立真正的友谊，友情的缺乏使现代人陷入一种强烈的孤独，正如有的中年人对自己感受的描述那样："在这个世界里。我感到孤独、嫉妒、愤怒、紧张。"也正是这种孤独感和对他人的排斥感加剧了中年人的情绪危机。

二、敌意

44岁的男人可能会同情那些在生活中陷入困境的人，对那些平步青云的人，却往往会生出敌意来。敌意的产生大都与自卑感有关。当44岁男人有了一番建树后会变得和蔼、富有同情心和慷慨大方。而失败之后，他开始容易恼怒。

一个44岁男子在工作中遇到麻烦，孩子打翻油瓶就足以使他大发雷霆，可同样的事情若发生在自己得到上司嘉奖的那天时，他的态度可能会是柔声地对孩子说："不要紧，别怕。"

虽然敌意对44岁男人来说是十分普遍正常的现象。但它毕竟是种消极情绪，过多的敌意很容易使一个人的心灵扭曲，习惯戴着变色眼镜看人，以至于经常牢骚满腹、痛苦不堪。

三、沮丧

有些44岁"功成名就"的男人也会产生沮丧。例如事业成功的男人，当他的妻子决心读书或工作时，如果他们自己不善于处理家务，面对乱七八糟的家，往往会出现强烈的沮丧感。沮丧情绪常会扩大生活的不幸，所以对被持续强烈的沮丧情绪困扰的中年人来说，很有必要接受心理治疗。

但这些人又常常不愿承认自己心理有问题。这就不可避免地会对他们的工作、生活、婚姻造成进一步的破坏。

四、压抑

现代社会强调竞争，强调出人头地，尤其对中年男人来说更是要建功立业，从而给他们带来了无穷的心理压力。而中国传统社会文化又要求他们"喜怒不形于色"，强调人对自己情绪的抑制，这就造成了许多44岁男人的抑郁症状，深化了情感危机。

五、焦虑

由于工作和家庭的压力以及对事业成功的渴望，中年人的心理压力往往很大，很多人由此而焦虑不安。44岁中年男人要想摆脱心理危机，就应调理心态，培养快乐的心态，形成积极的自我，挖掘潜能，重新调整自己人生奋斗的目标，学会关心自己，抓住机遇走向成功。

3. 男人的心理压力

经常感到没劲儿，打不起精神，什么都吸引不了你，注意力也集中不起来。上班很累，下班更累，出去玩没时间，吃饭怕发胖，去商场一见那么多人心里就烦，总之一句话：没意思。这是怎么回事呢？

这种状况在白领阶层的男性中比较多见，被称为慢性疲劳综合征，是日益加快的生活节奏和充满竞争的工作压力造成的。在心理咨询门诊的调查中，因上述相似情况来咨询的以男性居多。为什么男性更容易因为工作压力而引起身心失调呢？

首先，社会公众对男性的期望是事业有成，如果女性事业不成功，但她把孩子教育得好，做了丈夫的贤内助，她也是成功的。而男性就没有退路，他们只有在事业上取得成功才能得到大家的认可。这样男性就特别关注自己的工作，如果工作不顺利，出现挫折，心理上的压力就特别大。

其次，在公认的标准中，男性是强者，应该承受一切，女性是弱者，应该被保护。男性心中有苦恼大多是压抑在心，这样压抑的结果，必然也会影响他们的身心健康。

再次，男性有了心理压力后，经常通过一些不健康的方式来解脱苦恼，如吸烟、喝酒、开快车、疯狂玩电子游戏、看恐怖片、去夜总会等等，结果是压力没有解除掉，反而影响了身体健康。

最后，从本身身体素质来看，男性的耐受力较女性差。

男人的心理压力主要表现为以下几方面。

（1）工作狂

一般人正常工作时间为8～10小时，此为人体健康负荷量。如果长期工作12小时以上，就对人体产生压力。

（2）极度失落

每一个人的一生中，总是会遭受许许多多的不如意，并不是每个人都具备足够的解决能力，因而会产生"失落感"。

由失落感所衍生的情绪反应，会使人产生悲观、失望、没有信心，甚至愤世嫉俗的心态。事业的压力对白领男人危害最大。经受不住这种压力，往往会有失落感，也就是人们常说的"灰色"心理。

（3）难耐高压

白领男人的性格和时代的特征联姻，孕育出了竞争。长期处在白热化竞争的气氛中，会使他们心理极度紧张、苦闷和失望，致使情绪跌宕。当不堪忍受这种超负荷的精神压力时，自己往往就不能把握自己而失去自控力。

（4）家庭危机

工作环境、社会环境以及家庭成员之间的价值取舍及感情投向都可能隐藏和引发家庭危机。即使在没有冲突理由的情况下，压力也会通过家庭降临到你头上。这使许多白领男子终日郁郁寡欢、闷闷不乐，有时又心情焦躁、心烦意乱。

（5）疾病打击

疾病最容易使人思想消沉，有的人还会失去生活的信心。疾病的压力来自于失去健康身体的忧患，失去康复信心。

（6）贪欲过高

如果对金钱、权力之类心存过高欲望，那就是贪心，使你轻松的大脑神经长期紧张，正常的心脑运动加快，产生一种与正常生理机能不协调的节拍，就会伤脑、伤心神、伤体。

减轻心理压力可从以下几方面做起。

（1）放慢一下工作速度

如果你被紧张的工作压得喘不过气来，最好立即把工作放一下，放慢一下，轻松休息一下，可能你做得更好。

（2）合理地安排作息时间

严格执行自己制定的作息制度，使生活、学习、工作都能规律地进行。

（3）注意培养良好的心态

加强心理修养，养成自己作心理分析的习惯。可以考虑与心理医生交朋友，以期经常得到他们的帮助。

（4）保证充足的睡眠

不要冒犯自然规模，否则必遭自然法则的报复。

（5）正确地评价自己

永远保持一颗平常心，不要与自己过不去，把目标定得高不可攀，凡事需量力而行，随时调整目标未必是弱者的行为。

（6）处理好事业与家庭的关系

家庭的和睦与事业的成功绝非水火不容，它们的关系是互动的"家和万事兴"，无力"齐家"，恐怕也无力"平天下"。

（7）面对压力要有心理准备

要充分认识到现代社会的高效率必然带来高竞争性和高挑战性，对于由此产生的某些负面影响要有足够心理准备，免得临时惊慌失措，加重压力。同时心态要保持正常、乐观豁达，不为逆境心事重重。

（8）要培养自己有一个宽广豁达的胸怀

与人为善，大事清楚小事糊涂。郑板桥一句"难得糊涂"传诵至今，就是因为其中道出了人生至理。

（9）丰富个人业余生活，发展个人爱好

生活情趣往往让人心情舒畅，绘画、书法、下棋、运动、娱乐等能给人增添许多生活乐趣，调节生活节奏，从单调紧张的氛围中摆脱出来，走向欢快和轻松。

第二章　男人的心理资本——心态与成功

成功男人的九大资本

4．男人成功的大忌

一、害怕冒风险

果断是男子汉们的特征之一，要想成功而不承担任何风险几乎是不可能的。20世纪最有远见和创造性的人物之一沃尔特·迪斯尼说过："如果我们有勇气去追求，所有梦想都能实现。"如果每一个有过"杰出"主意的人都有勇气去身体力行，这世界的面貌就不是今天这个样子了。

但在现实生活中，只有极少数人敢冒风险，并在风险之中把握住成功的机会而成就一番事业。为了成功，必须要克服害怕冒风险这一弱点，因为风险孕育着成功的希望！

二、恃才傲物，目中无人

著名画家徐悲鸿曾说过："人不可有傲气，但不可无傲骨。"青年人年少气盛，最易犯恃才傲物这个毛病。自满者，人损之；自谦者，人益之。须知在现代社会，已不可能"一个人包打天下"，一个人要成功，要靠众人的帮助。当一个青年处处盛气凌人时，自我感觉也许很好，但慢慢你就会发现，周围的朋友越来越少，自己会处于孤立无援的境地。

许多才华横溢，本该有大作为的年轻人都吃亏在这个"傲"字上,恃才傲物,目中无人,终难成大器。

三、凡事以自我为中心

如果一个人事事想着自己,做任何事都以自己的利益和感受为出发点,那么也许他保障了个人利益,但同时也失去了更多更宝贵的东西。在一个团体中,事事以自我为中心,必然会给上司和同事留下不好的印象。在工作中得不到他们的支持,就不可能顺利取得成功。

帮助别人,不但能提高自己的生活质量,也能提高周围人的生活质量。你帮助别人成功,别人也乐意帮助你成功,相互取长补短,才能形成"多赢"的局面。正如西方谚语所讲:"赠人玫瑰,手有余香"。

四、缺乏怀疑精神

现代科学史上,每一理论的创立都是在借鉴前人的成果和已有的知识经验基础上进行探索,提出新问题,从而进行创新。伽利略敢于向当时的权威打挑战,抵住世俗的压力,在比萨斜塔进行"两个铁球现时落地"的实验,纠正了重的物体先落地的谬论;爱因斯坦敢于冒天下之大不韪,突破牛顿经典力学理论束缚,创立相对论;魏格曼大胆设疑,标新立异地提出大陆漂移假说,成为一代地理学家。

作为勇气象征的男子汉,更应该敢于突破世俗的偏见,不应迷信权威。须知,没有怀疑的精神,安于现状,不思进取,墨守成规的人永远不可能拥抱成功。

五、不善于控制自己的情绪

任何人都不能保证自己的心情在任何时候、任何地点都始终舒畅，青年人的情绪波动起伏更是明显，如果我们把自己不愉快的心情带到学习、工作上去，并让这种不愉快的心情左右自己的学习与工作，无疑会使学习、工作都受到不良的影响。

事实上，在某一领域取得成功的人除了能力突出外，善于进行情绪控制也是其中一个重要原因。"喜怒不形于色"，即不因为某点成绩低落怨天尤人影响自己的工作。我们需要培养并发扬积极的情绪，避免或消除低落的情绪。

六、意志不够坚定，目标不够专一

在当今多元化的社会里，现实中的诱惑实在太多，当我们为一个目标努力奋斗时，也往往因为把持不住自己而使既定目标无法实现。社会的浮躁促使我们更应在奋斗过程中意志坚定，目标专一。我国古代"精卫填海""愚公移山"的神话故事都说明了意志坚定、目标专一对于取得成功的重要性。

我们周围许多年轻人，他们并不缺少才华和智慧，但往往在事业受阻时遇难而退，导致功亏一篑，其教训就在于缺乏坚定性。如果能再坚持哪怕是一小会儿，成功马上在望啦！有时想想已经付出的努力，想想曾经走过的路，兴许对自己的信心有所帮助。

七、缺乏计划

没有计划，在实现目标的过程中只能是事倍功半。有些人的目标很明确，其他条件也具备，但因为没有一个可实施的计划而未能取得成功。有时，计划甚至比目标还重要，因为真正能帮你实现目标取得成功的是计划。实现目标的过程，就是实施计划的过程。你要首先订出长期计划，然后在此基础上订出中期计划，短期计划，再把计划分解成季计划、月计划、周计划,甚至日计划。这样,你就可以按计划逐步向成功迈进,而不会在远大的目标面前显得手忙脚乱。

记得小时候曾经看见过蚂蚁们搬食的过程:不小心把米洒在地上,一只蚂蚁来了,在这小撮米面前转悠了一阵后匆匆离去,不一会儿,蚂蚁大部队来了,各搬起一粒米回窝。负重的蚂蚁从左边走,而陆续赶来的蚂蚁却始终在右边走。那时偶就想,这蚂蚁们也懂交通规则?当时是好奇,现在想来,蚂蚁们也是有组织有计划进行搬食的,甚至连行进的路线也是事先计划过的,这样才不至于发生"撞车事故"。

八、缺乏忧患意识

很多青年人在事业一帆风顺的时候往往缺乏应有的忧患意识,或者没有考虑到下一步应该怎样走。事实上,任何一个成功者都在事业处于上升期时就考虑到了下一步可能遇到的困难,并做好充分准备,正如孟子所说:"生于忧患,死于安乐。"

春秋时期,吴越两国争霸的史实很好地证明了"生于忧患,死于安乐"这一观点。吴王夫差的父亲在一次与越国作战中受伤而死,为了复仇,夫差每天在吃饭前都让手下人大声喊:"夫差,你忘了你父亲被越国人杀的事吗?"夫差眼含热泪,悲愤地回答:"不敢忘!"夫差在复仇的信念鼓舞下,重视农业,整顿军备,时刻不忘为父复仇。

在他的努力治理下,吴国国力强盛,进攻越国,大获全胜,并把越王勾践也俘虏过来,为他的父亲复了仇。而被胜利冲昏头脑的夫差很快沉迷于享乐之中,不再过问国事,而勾践在吴国受了几年侮辱和充当了几年的苦力后被释放回国。为了报仇雪耻,勾践回到越国后有舒适的龙床不睡,美味的佳肴不吃,睡在柴房里,在饭桌上吊了一个苦胆,每次吃饭前都先尝一下,以示不忘战败之耻。他经过长期的

成功男人的九大资本

对越国的精心治理，使越国国富民强，军队强大，待时机成熟，勾践发动了对吴国的战争，大败吴王夫差，一雪前耻，并由此成为春秋霸主之一，给后人留下了一个"卧薪尝胆"的典故。

可见，"生于忧患，死于安乐"是多么的精辟。对青年人来说，无论何时，都应有忧患意识，走好每一步，不断接近成功。

九、不留意身边的机会

机遇是平等的，它给予每一个人的都一样多；机遇又是不平等的，它只垂青于那些有准备的头脑。亿万富豪李晓华，以其敏锐的眼光，发现并抓住了身边的机会，成就了一番事业。20世纪80年代初，在一次展览会上，他看中了一部冷饮机并高价买回，在秦皇岛海边的一个夏天，他靠卖冷饮这门独家生意赚到了一笔可观的收入。他意识到来年冷饮业竞争必然会激烈，于是把冷饮机转卖出去而承包了一家录像厅，这在秦皇岛又是第一家，先行一步的李晓华在放映录像这一行业又赚了一大笔钱。

等其他人纷纷跟进录像放映时李晓华又退出了这一行业。他获得了"章光101"在日本非常畅销的重要信息，马上与生产厂家联系，成为第一个在日本销售"章光101"的代理商，使他的财富又翻了几番。正是因为他十分注意身边的机会，及时抓住机遇，从而使生意越做越大，财富越积越多。只要你留意一下自己的周围，其实机会无处不在。

十、动口不动手

动口不动手是青年朋友的通病。很多青年人心血来潮时决心很大，并把决心写在纸上，订出实现决心的计划，但热情随时间的流失而慢慢冷却乃至消失。很多人等别人取得了成绩才想起自己的计划,并后悔当初没有以实际行动来执行自己的计划或者坚持下来,于是,他们又开始为新的目标订出计划,日复一日他们一直都在动口不动手。成功是靠行动做出来的,不是靠嘴巴说出来的。天天躺在床上想怎样成功是无济于事的,关键是要拿出行动来,并长期坚持下来,才会帮你取得成功。

第二章 男人的心理资本——心态与成功

5．男人健康的生活态度

一、物质上崇尚随意，精神上追求严谨

在衣食住行方面，他要求方便、随意，从不追求浮华、奢侈，却将购买历史书籍、去天文馆考察星星当做是持久的爱好。

二、困难留给自己，快乐赋予别人

一块工作的同事，被某一项新的计算机程序弄得焦头烂额、百思不得其解，他不经意地拿过来，并于休息时花费许多时间琢磨，又趁同事不注意时不经意地传达出去，让同事感到意外的收获。

三、危险留给自己，幸运让给别人

他驾车时，副座上坐着朋友，不料将有意外发生，一般情况下，人的潜意识是保护自己，而他宁愿舍弃自我，把机会留给别人。

四、不争名夺利，不附庸风雅

不应是那种男人——别人的作品一旦在网上被下载五千次，他就要创造一万次，别人被称为"70 年代"，他就要将自己制造成

"FLY 一族"。

五、在父母面前，永远是孝子

他单身时，为父母买煤添柴、安装通风管道；成家后，他带着老婆和孩子为父母砌墙补漏、打扫被大雪覆盖的院落。

六、在朋友心里，永远是可依赖的人

朋友相聚，难免杯盏辉映，而最不能喝酒的他，将自己喝成大红脸，最不能喝酒的他，搀扶着豪饮的朋友回家。

七、对待老婆，一定是挣多少钱就上交多少钱

这也是一种态度，尽管有时可能从老婆那儿拿出来花掉的会更多。

八、好色而不淫

他好色，喜欢和娇小玲珑的女性讨论人类的朋友——动物们的野性，喜欢和青梅竹马的女性谈论逝去的好时光，仅此而已。

九、工作上，经常对自己说不想干了，但是依然天天加班

由于工作的繁忙，以及一贯认真的态度，他常常想放弃或停下来，但是，始终没有终止。他依然朝着完美主义者的方向发展。

成功男人的九大资本

十、尽一切可能,帮助那些需要帮助的人

他路过河流,帮助过游离了河岸的鱼,放它们入水。他旅行时,偶遇无家可归的老人,他将自己的帐篷和食品送给了老人。他扶正被风刮倒的小树,他拾起被人丢弃的塑料袋……

其实,好男人的生活态度虽然普普通通,却是让人感到无比亲切并回味无穷、荡尽心灵尘埃的一面镜子。

6．成功男人必备的健康心理

生活不会一帆风顺，只有童话中的公主和王子才能享受着永恒的欢乐。现实生活总是充满了挑战，有乐趣也有痛苦，就像歌里唱的："外面的世界很精彩，外面的世界很无奈"。对于男人，生活有时会更复杂。社会给男人设置的必修课是"出成就"，现在也有人叫"出效益"。但无论是"成就"还是"效益"都不那么好"出"。于是，常常看见许多男人疲惫不堪，几乎不择手段地去寻找机会，好像男人本来是无地位可言的，只有拼命去"赢"，方能有立锥之地，与女人先天姣好的生物特性相比，男人，太难了！

在情感方面，男人似乎一辈子都在练一种"收敛"的功夫：有泪不能流，就连古语都说"男儿有泪不轻弹"；有苦不能诉，否则会被人指责"软弱"。曾有人说，是社会的角色规定性和生物角色规定性在"合谋"折腾着男人，所以男人的平均寿命大大低于女人。

可是，无论男人们有多少"难"，有多少"苦"，生活还是要继续，勇敢面对生活的挑战，努力适应环境，调整自己的情绪，才是男人们应该做的。

一、心理不健康的表现

（1）生气是自己虐待自己

生气是我们在生活中经常会遇到的情况，就连"气死我了"都

成功男人的九大资本

是一种常见的口头语。无论是在公司里和老板争执,还是在家里被"不可理喻"的妻子说得哑口无言,男人们通常都是独自坐在角落里生闷气。那种挫败感和失落是难以用语言表达的,其实,哪里有那么多的气好生呢?美国社会学家曾经在一本名为《愤怒,备受误解的情绪》的书中说:"生气并不是一种先天性的情绪和行为,而是后天学到的。人们生气不生气,是自己决定的。"

也就是说,人们的生气是可以自己控制的。这就是为什么对于同一件事,有人被气得暴跳如雷,而有人怡然自得、丝毫不放在心上。所以,只要你明白生气是自己和自己过不去,是自我虐待,你自然就不会经常让自己去"气死"了,除非你把生气当做是生活的调味品。

要想不生气,其实也很容易,听一听专家的指点吧。

首先,要调整自己的思想,提醒自己不必那样想,任何事情都有好坏两面,去想想好的一面吧。另外,试着让自己延缓发怒。如果你遇到一件事情的直接反应就是发怒,试试看,延缓15秒之后,再以你一贯的方式爆发。下一次延缓30秒,不断加长这个时间,一旦你看到自己能延缓发怒,你就已经学会了控制。延缓就是控制,多加练习,最后就能完全消除。

其次,在生气的时候提醒自己,每个人都有权成为他想成为的样子,你要求别人不要那样,只是自己找气受。还有,在生气的时候,靠近你所爱的人,在他们那里寻找"爱"以此中和你的敌意。还有一种最笨的办法,就是做一份"生气日记",记下生气的确切时间、地点、事情及一切生气的行为。你很快就会发现,若是经常生气,光是要记"生气日记"这件麻烦事就可以迫使你少生气了。

(2)抑郁,积极向上的大敌

现代生活紧张、压力大,而且人们没有太多时间去互相理解和沟通,于是,抑郁成为现代生活中一种比较常见的不良情绪。也许是因为失恋,也许是因为别人升职了而你没有,无论是哪种情况,陷入抑郁的情绪会一落千丈，即使是平时最感兴趣的事情都不能激起你的热情，内心苦不堪言，并且常常有失眠、食欲下降，甚至会出现悲观失望和绝望的情绪，失去生活的勇气。

消除抑郁的最有效的方法是改变自己的认知方式，增加思考的灵活性，要客观地思考问题，不要钻牛角尖。而一个常用的训练方法是做"负性想法"的日记记录，内容包括：日期、情景，当时的情绪（记下抑郁、焦虑的程度，用０表示无，用１００表示最强）。当时的"负性想法"要及时记下，以便下一步的纠正。

在这些"负性想法"的记录中，你要以旁观者的身份去看待这些事情，你会发现，抑郁的你经常这样思考问题：绝对性思考，即总是以一种极端的非黑即白的方式评估自己。其实，生活中多的是非黑非白介于二者之间的模糊色彩，你又何苦把自己定性呢？

（3）不快乐男人之典型思维

主观臆断：在没有事实根据的基础上武断地做出消极的结论。什么都要有事实证据，仅凭今天老板看你的眼神不如以往热情，就得出老板对你不满意的结论是可笑的。你怎么知道老板不是因为今天和太太吵架所以心情不好呢？

以偏概全：抓住细节部分，对整体做出消极的判断。断章取义是陷入抑郁的最直接有效的办法。考虑事情要全面，不要抓住一点不放，除非你想和自己"较劲"。

个人化：主动把别人的过失、错误都归罪于自己，为别人的不幸和过失承担责任。有时候"太有良心"会使自己陷入窘境。不是所有和你有关的事情办砸了，就都是你的错误。反省自己是对的，但不要太苛责自己，你连自己都不放过，这世界上还有你的活路吗？

二、心理健康的"营养素"

一般人都知道,身体的生长发育需要充足的营养,如蛋白质、脂肪、糖、无机盐、维生素和水等,事实上,心理"营养"也非常重要,若严重缺乏,则会影响心理健康。那么,人重要的心理健康"营养素"有哪些呢?

(1) 爱

爱能伴随人的一生。童年时代主要是父母之爱,童年是培养人心理健康的关键时期,在这个阶段若得不到充足和正确的父母之爱,就将影响其一生的心理健康发育,很多成年人的心理障碍都与童年缺少父母之爱有关。少年时代增加了伙伴和师长之爱,青年时代情侣和夫妻之爱尤为重要。

中年人社会责任重大,同事、亲朋和子女之爱十分重要,它们会使青年人在事业家庭上备添信心和动力,让生活充满欢乐和温暖。至于老年人晚年幸福的关键。爱有十分丰富的内涵,不单指情爱,还包括关怀、安慰、鼓励、奖赏、赞扬、信任、帮助和支持等。

一个人如果长期得不到别人尤其是自己亲人的爱,心理会出现不平衡,进而产生障碍或疾患。

(2) 宣泄和疏导

无论是转移回避还是设法自慰,都只能暂时缓解心理矛盾,求得表面上的心理平衡,治的只是标,而适度的渲泄具有治本的作用。当然这种宣泄应当是良性的,以不损害他人、不危害社会为原则,否则会恶性循环,带来更多的不快。

比如,当你心情压抑时,可以去踢足球,把火发在它们身上;遇到不顺心的事对亲人和好友诉说,把心里的不快倒出来,这就是宣泄。与此同时,也希望有人帮助自己解开心里的疙瘩,或帮助出出好主意。宣泄和疏导都是维护心理平衡的有效办法。心理负担若长期得不到宣泄或疏导,则会加重心理矛盾进而成为心理障碍。

(3)善意和讲究策略的批评

它会帮助人们明辨是非,改正错误,进而不断完善自己。一个人如果长期得不到正确的批评,势必会滋长骄傲自满的毛病,固执、傲慢、自以为是等,这些都是心理不健康发展的表现。但是,过于苛刻的批评和伤害自尊的指责会使人产生逆反心理,严重的会使人自暴自弃、脱离集体,直至难以自拔。所以,遇到这种"心理病毒"时,就应提高警惕,增强心理免疫能力,我们平时应多亲近有知识、有德行、值得信赖的人,这样就比较容易获得这种健康的"营养素"。

三、心理健康的10种调适

夕阳西下,明朝依旧东升,事情不会像你想象得那么好,但也绝对不会像你想象的那么糟。——平和之心,积极之行。

(1)让事情和工作充实自己

每个人都应该有自己的大目标,每天去克制自己去做事和工作,走好每一步,只要目标是积极向上的,那每个人都是成功的。没有目的的日子终将烟消人散。

(2)不要生活在过去中

世界上没有后悔药,对过去的错误和成功认真分析更有意义。

(3)从精神上先接受最坏的结果

人总是要面对错综复杂的人和事,应该始终先做好最坏打算,这样才能不断地应对苦难。

(4)不轻易放弃心中的梦想

我会成为一个支撑家庭的男人,成为对社会有责任的公仆,我更会在更大的舞台现实我的梦想,困难不可避免,但是我绝不放弃,因为我们服务的对象只能来一次世界,而我生活在世界上也只有不到

成功男人的九大资本

百年。

(5) 做命运的主人

命运已有安排,不必疑虑,我相信我是命运的主人。我已经设计好了,只是再去经历这个过程。

(6) 面对不利的环境学会忍耐

要在对事上能忍,对人上能耐。放弃是最大的失败。

(7) 从失败中看到成功

人生没有走到尽头都没有输。从小到大是最美的过程。

(8) 不能急功近利

德和才是一个永远不断积累的过程,我们的财富积累只是修身养性的积累。所以我们需要不断学习,历练过程。

(9) 坦然面对得失

身体是革命的本钱,家庭是生活的核心,得失自在人心。

(10) 果断地面对选择

记住什么是人生目标,什么对你最重要。分析后果断做出抉择。

7．成功男人必备的良好习惯

一、10 种良好习惯

（1）让失败成为一种财富

让失败成为一种财富，这种想法可以激发自己的勇气，增强意志，从失败中总结出通向成功的路。

（2）从不怨天尤人

成功的男子汉从不找借口怨天尤人。

（3）马上行动

成功者因为积极行动、进取，可能已成就了一番事业，选定目标，不再拖延，马上行动，现在就开始，一切都还来得及。

（4）凡事要三思而后行

任何成功都离不开正确的决策，而正确的决策离不开反复的思考，韩愈说过："事成于思，毁于随。"在今天看来，这句话仍具有很强的指导意义。

（5）真诚地赞美别人

人都喜欢听赞美的话，特别是发自心底真诚的赞美。赞美的力量是非常大的，它会鼓舞一个人的士气，会让被赞美的人对你产生的好感，甚至心甘情愿地为你去做某件事情。

（6）学习如何成功的方法

俗话说："工欲善其事，必先利其器"，每个人都渴望成功来得更快更容易,希望少走弯路。

（7）学会终生学习

在这个信息爆炸的时代,你要想不被社会淘汰,只有不断学习,不断更新自己的知识。

（8）做时间的主人

世界上最漫长而又最短暂的就是时间,时间利用得好,会提高你的工作效率,助你早日成功;不善于利用的话,则会让你的工作毫无头绪,被时间牵着走。

（9）宽容待人

我国有句古语"宰相肚里能撑船",形象地说明了要成就一番大事业必须要有大的气度,要心胸广阔,宽以待人。那些具有大智大勇,具有非凡理智的胸襟,在工作中宽以待人,严于律己的人,才能稳定大局,得到众人的帮助,从而走上成功之路。

（10）学会审时度势

"识时务者为俊杰"一语道出了成功不但要具备其他因素,更重要的是要善于认清形势,发现时代潮流的走向。聪明的竞争者,应时刻关注时势的发展,掌握时代的脉搏,把握成功的机会。机会不可能赤裸裸地来到我们眼前,它更多的时候是被复杂变幻的迷雾所掩盖。

这就要求我们十分注意审时度势,透过现象,发现本质,能及时把握机会。当机会未出现时,应当积蓄能量,分析周围的形势,集中精力进行筹划。等到机会一出现,便及时出击,去获取成功。

二、16种正确方法

（1）事业永远第一

虽然金钱不是万能的,但没有金钱是万万不能的。虽然这句话很俗,但绝对有道理,所以30岁之前,应把你大部分精力放在事业上。

（2）别把钱看得太重

不要抱怨自己现在工资低，银行存款5位数以下，看不到前途，现在要做的就是努力学习。即使你文凭再高，怎么把理论运用到实践还是需要一个很长的锻炼过程。社会永远是一所最博大的大学，它让你学到的知识远比你在学校学到的重要得多。所以同样，你也别太介意学历低。30岁之前靠自己能力买车买房的人还是极少。

（3）学会体谅父母

别嫌他们唠叨，等你为人父了你就知道可怜天下父母心，在他们眼里你还是个孩子，但他们真的老了，现在得你哄他们开心了，也许只要你的一个电话，一点小礼物，就可以让他们安心，很容易做到。

（4）交上好朋友

朋友对你一生都影响重大，不要去结识太多酒肉朋友，至少得有一个能在关键时刻帮助你的朋友，如果遇到这么一个人，就好好把握，日后必定有用，不管他现在是富还是穷。

（5）别太相信爱情

心中要有爱，但请别说也别相信那些琼瑶小说里面的山盟海誓，世上本无永恒，重要的是责任，但女人心海底针，心变了，一切成枉然，你要做的就是该出手时就出手，该放手时别犹豫。30岁之前的爱情不是假的，但只是大多数人都没有能真正把握好的能力，所以学会量力而行。

（6）别担心至今还保留初吻

爱情不在多而在精，别以为自己20多岁还没碰过女孩子就害怕自己永远找不到老婆。以后你会有很多机会认识女孩子，要知道这个社会虽然男人多于女人，但现实是女人其实比男人更担心这个问题。男人30一枝花，你在升值而不是贬值，成熟的爱情往往更美丽更长久，所以不要像疯狗一样看到女孩就想追，要学会品味寂寞。

（7）不要沉迷于任何东西

所谓玩物而丧志，网络游戏是你在出校门之前玩的，你现在没有

成功男人的九大资本

多余的时间和精力花费到这上面，否则你透支的东西以后都得偿还。一个人要有兴趣、爱好，但要分清轻重缓急。

（8）年轻没有失败

不要遇到挫折就灰心，年轻人要时刻保持积极向上的态度。失败了，重新来过；失去了，再争取别的。哪怕到了极点，也不要放弃，相信一定可以挺过去。不要消极，会好的。曾经的错，过去了，不能总在回味。现在的，很好，累完了，很舒服。不要感伤，总会有人在支撑你。

（9）不要轻易崇拜或者鄙视一个人

人都有偶像，但请拥有你自己的个性。不要刻意去模仿一个人，因为你就是你，是唯一的，独一无二的，要有自信。也不要全盘否定一个人，每个人是有价值的，如果你不能理解他，也请学会接受。

（10）要有责任心

不管你曾经怎样，但请从现在开始做一个正直的人。男人要有责任心，无论是工作还是生活上，一个有责任心的人才能让别人有安全感，才能让别人觉得你是一个值得信赖的人。我们不要懦弱，但请不要伤害爱你的人和你爱的人，尤其是善良的女孩，因为这个世界善良的女孩不多了，即使不想拥有，但也请让她保持她美丽的心。

（11）男人的外貌并不重要

不要为自己的长相、身高而过分担心，一个心地善良，为人正直的男人远比那些空有英俊相貌、挺拔身材但内心龌龊的男人要帅得多。如果有人以貌取人，请不要太在意，因为你不用去为一个低级趣味的人而难过。

（12）学会保护身体

不要以为现在抽烟喝酒，熬夜通宵也没什么事。那是因为你的身体正处于你一生的黄金时段。30岁以后你就能明白力不从心这个词的意义了。身体是革命的本钱，没有好的身体什么也做不了，所以要尽量让自己过有规律的健康生活。

（13）别觉得一事无成

你现在还没有资格谈成功，除非你已有千万的资产。一开始太固定的职业并不一定是好事，或许在不断的改行当中，你会学到更丰富的知识，而且可以挖掘出自己的潜能，找到最适合自己的工作。

（14）要认真工作

即使你现在的工作再怎么无聊再怎么低级，也请你认真去对待，要知道任何成功人士都是从最小的事做起，或许你现在学不到多么了不起的知识，但起码你要学会良好的工作态度和工作方法，这对以后的事业很重要。

（15）要认真对待感情

不要羡慕那些换女人像换鞋一样的花花公子，逢场作戏的爱情只是让你浪费时间、浪费精力，一个人最痛苦的不是找不到爱人，而是心中没有了爱，当你把"我爱你"三个字变成你最容易说的一句话时，那么你在爱情的世界里已经很难找到真正的幸福了。

爱情没有公平，总有一个人比对方付出得多，即使没有结果，也别觉得不值，因为你的付出不光是为了她，也是为了你自己的爱，为爱付出是很可贵的，赞自己一下。

（16）要留一点童心

在内心深处，哪怕只是一个很小的角落里，请保持一份童心，不是幼稚，但有的时候单纯一点会让你很快乐。所以不要太计较得失，生活本无完美。

成功男人的九大资本

8. 杰出男人的性格特征

关于男人之魅力，众说纷纭。窃以为，男子之美，不在外貌，也不在性功能，而在个性。魅力男子的个性一般有以下几个特点。

一、张力

对未臻之境、永不衰竭的激情而产生的个性张力永远是一个男人个性之美的重要体现。这激情和个性之张力的指向可能是某种政治抱负，某种商业抱负，也可能是某种艺术追求或某种宗教追求、慈善目标。

无论是衣衫褴褛、食不果腹的隐修士、贫病交加的慈善家，如释迦牟尼、李书同、史怀泽，还是权倾一时的政治家、富可敌国的商业巨子，如普京、邓小平、比尔·盖茨、李嘉诚，在追求一个远大的目标、保持永不衰竭的个性张力上是一样的。个性富有张力的人，是将自己的追求与生命融为一体，将自己的追求精神化的人。即使他追求的是商业理想，那也是精神化的理想或者说是信仰，与金钱本身是两回事。他们所取得的成就属于一个时代，他们富有张力的个性焕发出来的美才是永恒的。

二、毅力

毅力和张力是相辅相成的两个个性特征。毅力决定了生命所能达到的高度。富有张力的生命需要一次一次的超越。这种超越既要经历肉体的痛苦，更要经受心灵的痛苦，没有一点毅力是不行的。

甘于一箪食，一瓢饮，居陋巷，过长的工作时间对于平常人来说已经很难了，可是孤独、他人的非议、嘲笑、不理解甚至仇恨更是没有非常的毅力之人所不能承受的。

事实上，人和人之间的利益是很难平衡的，有些观念也是很难调和的，生命是有限的，每个人周围都是形形色色的他人，这些都注定了那些为了自己的追求苦斗的人注定消除不了周围的不解和怨恨，甚至终生都消除不了。要保持生命的张力，非常的毅力必不可少。

三、超越性

超越性也是魅力男人的一个重要的个性特征。超越性是指能够为了自己的追求，不斤斤计较于眼前利益，不耽于满足眼前生物性欲望的个性特点。当然，人也是一种动物，完全超越利益算计和欲望满足的人寥若晨星。

如果真有修炼到无欲宗教圣人，那他们可能是个例外。对于入世之人来说，虽不至完全不考虑利益，不满足欲望，但是在眼前利益和欲望与自己最重要的人生追求发生矛盾的时候，能否超越一点，看得远一点，就是一个人性的分野了。有的人在此时就能表现的超然一些，另有一些人则经受不住眼前的诱惑，一头就扎进去了。中国人讲阴阳，男人是阳性，是力的象征。相信总体而言，男人和女人相比都是有一把子蛮力的（男书生ＶＳ女举重运动员的情况除外）。

成功男人的九大资本

但是,是否在适当的时候有克制自身之力,却要因人而异了。有点超越性、有点克制之力的男人是很阳刚的,很美的。

四、悲悯心

悲悯心是人性之大美。悲悯能唤起同类的共鸣与感动,带给人的美感是深入骨髓的。没有悲悯心的人,有再强的力,其人性也是不美的。这样的人,力量越强,则越像魔鬼,令人心生厌恶。另外,悲悯心也是一个男人自信和力量的体现。自信的男人,不仅追求自己立身,更追求以自己的力量拯救同类。同时,发自悲悯心的行为也证实了一个男人的力量,体现了男性的力量之美。

没有强大的精神力量的男人,无论外形多么酷,多么英俊,只消一个小小的打击可能就轰然倒塌了,像一座纸糊的大厦。只有精神力量强大的人,才会焕发出永久的男性之美。这样的男人,可能会很文雅或者不露声色,但他的信念永远像磐石一样坚固,他的内心永远像欲喷发的火山一样汹涌澎湃。

第三章　男人的品位资本
——无形的智慧和财富

　　品位对于男人来说是一种永恒的诱惑，品位不是与生俱来的，也不只是一种形式，而是一种天长日久、艰辛繁琐的修炼和沉淀，是一种"自我超脱"的心灵磨炼。品位可以让你优雅脱俗，让你勇敢坚毅，让你豁达爽朗，让你宽厚挚诚，让你成为众人眼中出色的男人。男人的品位是一种生活态度，更是一种无形的智慧和财富。

成功男人的九大资本

1．知识——品位男人的力量源泉

知识就是力量，那知识又是从何而来的呢？

司马迁青年时代阅读了大量宫内藏书，树立起远大的人生目标，以至使他在遭受"李陵事件"的奇耻大辱之后，仍在狱中奋笔疾书，完成了史学巨作《史记》。读书给了司马迁知识，知识使他有了面对挫折的力量。

不读书就没有知识，没有理想，没有前进的动力。那么不做文豪就可以不读书了吗？当然不是，做人要有头脑，有毅力，有坚定的信念，而要做到这些就要读书来获取知识。

当今社会人们对知识越发重视。评定人才的标准就是看他知识的多少。而没有知识又何谈具有多少能力。不管是谁，在各行各业中，应不断充实自己，使自己立于不败之地。我们青少年更应努力学习，奋发读书。

书籍是人类进步的阶梯。只有读书，才能有知识，才能使你拥有无穷的力量，向往更高的追求。发奋读书吧，它会给你我动力，给你我勇敢向前的力量。

一个缺乏知识的现代人自然难以有所作为，更何况是创业者。知识经济时代是一个充满创新的时代，在这个时代，新的产业部门将取代传统的产业部门，新的资源与新资源配置方式也将出现。新型阶层必将兴起，知识和信息的拥有者、控制者将成为新时代社会结构的核心和中坚力量，社会财富必然将为新的知识创新阶层所控制。

比尔·盖茨的崛起，揭示了企业是智者的游戏，知识是创业者的资本。同时，比尔·盖茨的出现也标志着知识经济时代的到来。知识经济时代，知识分子再也不是手无缚鸡之力的穷酸、软弱的穷书生了。在知识经济时代，最重大、最根本的变化，无疑是发生了资本革命，资金让位于知识，知识成为最宝贵的资源、最重要的资本。

知识经验和资本革命向一切富有知识与智慧者提供了前所未有的机遇。纵然你不富有，但只要你拥有一颗智慧的大脑，立志创业，成为一个知识渊博的人，然后再灵活利用知识，也会富甲天下。

新经济时代，经济发展主要取决于智力资源的占有和配置，以高技术产业为支柱，以高文化、高谋略为策划的发展经济模式，知识＋资本＋创意＋努力坚持，将成为成功的公式。

命好不如习惯好，利用合理的时间进行读书学习，可以快速掌握知识和各种技能，这样才能让自己有创业的最大资本。

知识就是力量、财富。如果你是一个拥有现代知识的人，如果你选择了自己创业，如果在这个经济时代里抓住了机遇，你就是最终成功的拥有者！

成功男人的九大资本

2. 魅力男人必备的三个条件

一个有品位，有魅力的男人，必须具备以下三种基本条件。

一、成熟稳重

一个成熟稳重的男人懂得如何在适当的时候做适当的事情，懂得爱惜家人，懂得关心朋友。说话有条理，做事干练，喜怒不形于色，有城府，不浮躁，甘于寂寞，不安于现状，勇于接受挑战和承受压力，有毅力，做事认真负责，敢于承担责任。

二、睿智博学

睿智博学的男人一定要拥有智慧，智慧的基础就是博学。一个像金庸笔下的韦小宝那样，虽然在很多场合都能让大家化险为夷，但那也只是小说而已。对于当今尔虞我诈的现实社会来说，那种只能耍些小聪明的男人是很难在事业上取得成功的。

真正能在商场上站立的男人，他们的交锋都是智慧的交锋，虽不见刀光剑影，却是比刀光剑影更悲壮的厮杀。

因此，一个男人，特别是一个有魅力的男人，思想上所拥有的知识阅历绝不能少。一个有学识、有智慧的男人做事有主见，看问题、解决问题有独特的见解与方法，不是人言我言，道听途说。有学问智慧的男人，如果你是善于观察人的话，只要看他们的眼睛，你就能读出他们曾经生活的味道。

三、有品位、懂得享受生活

懂得花钱的人才懂得如果去赚更多的钱，所以一个有魅力的男人一定要有品位、懂得享受生活。不一定说要住别墅、开劳斯莱斯，但一定要给自己最适合的，懂得给自己和家人一个安乐窝，懂得善待自己和家人。

会去消费、锻炼身体，身材健硕、精神奕奕，不是大腹便便；会去装扮，衣服整齐、搭配合理，不是衣衫不整；会去提高修养、注意自己的言行举止，不是庸俗满口污言；会去结交朋友，参加社会公益活动，不是孤僻怪异；会去关注国家大事，了解社会动态，不是漠不关心，与社会脱节。

当然不是每个男人都能拥有这种魅力，除了先天的潜力，后天的培养是很关键的。培养出具有魅力的男人也不是一朝一夕的事情，上天赋予了我们追求完美的权利，但也要经过很多生活的沉淀与磨难，经过很多人生经验的积累与应用。

成功男人的九大资本

3．品位男人的三盏明灯

人生需要三盏明灯，它们永远高悬在我们人生的航船上，指引着我们躲开迷茫、失望、悲伤这些暗礁，鼓起智慧、欢乐、信心的风帆，在人生的大海里，向一个又一个更远的目标前进。

有一个人一直想成就自己的一番大事业。为此，他做过种种尝试，但到头来，都以失败告终。为此，他非常苦恼，就跑去问他的父亲。他父亲是一个老船员，虽然没有多少文化，但他一直关注着儿子。见儿子问自己，他没有正面回答，而是意味深长地对儿子说："很早以前，我的老船长对我说过一句话，我一直记在心间，希望能对你有所帮助。老船长说：要想有船来，就必须修建自己的码头。"儿子听了这话沉思良久。

这之后，他不再四处出击，而是静下心来，好好读书，后来，他不但上了大学，而且成了令人羡慕的博士后。现在他根本不必四处找工作，倒是有不少公司经常打电话来，希望他能够加盟，并且待遇好得惊人。

人生就是这样有趣。看来平平常常的一句话，但它所包含的哲理，却可以开启智慧之门，指导人生航向。人生的道路，看起来很曲折，但事实并非如此，做人如果能够做"戒、定、慧"，抛弃浮躁，安定自己的内心世界，锤炼自己，不断增长智慧，就不怕没有人发现。与其四处找船坐，不如自己修一座码头，到时候何愁没有船来。

人这一生，出身、地位、身份并不会影响你所修建的码头的质量。恰恰相反，你修建的码头的质量越高，到你这里停靠的船只就越好，而你修建的码头越大，停靠的船只也会越多。我们说一个人未来的人生取决于他的智慧，而绝不是什么世俗的东西。一个人如果想让自己有一个光辉灿烂的未来，就必须努力修建高质量的人生码头。当你用自己的智慧和汗水凝结成的材料铸起自己的码头时，你的人生就一定会熠熠生辉。

努力为自己修建一座高质量的码头，这是人生最好的忠告之一。要知道这世界上根本不缺少高标准的船只，而是缺少高质量的码头。只要你努力修建好自己高质量的码头，相信那些高标准的船只一定会时和蜂拥而至！

修好了码头，引来了航船，还需要有灯光照耀。人生中有三盏灯。

第一盏灯：志存高远。人的一生中，你求上，有可能居中；你求中，则有可能居下；而你若求下，则必定不入流。所以在人之初，立志须高远。要学雄鹰展翅高飞，不效燕雀安于屋檐。只有这样，才能激起你生命的潜能，步步为营，逐渐走向辉煌。

第二盏灯：把握当下。昨日如流水，一去不回头，对过去空流泪，徒伤悲，不但于事无补，反而会消沉意志，浪费精力。而不可及的明日，太空洞太缥缈，不可捉摸。正确的方法，就是关注现在，把握当下。只有这样，你才能有所作为，不负此生。

第三盏灯：永不气馁。人的一生中，有许多无法预料的苦难悲伤，就宛如层层乌云，铺天盖地压来。如果就表面看来，它们十分强大，势不可挡，但这一切并不可怕。而最可怕的是人自身的颓废。一遇困难就回头退缩，就委靡不振，这正是许多人失败的真正的原因。一个人的一生中，无论你从事何种职业，面对何种困难际遇，只要你永不气馁，就一定会有成功的那一天。

有这样三个故事：一位出色的雕塑家完成了一座非常精美的雕像，有人问他："你是怎样雕出如此精美的雕像的？"雕塑家轻轻地

成功男人的九大资本

笑着回答:"其实,这座雕像原本就在那里,我只不过将它多余的边角去掉而已。"

故事中雕塑家的回答极其简朴,可又充满睿智哲理,像一盏永远光明的探照灯发出耀眼的智慧光芒,直射我们每个人的心灵深处,驱散那些笼罩在心田上空的阴云。不是吗?在我们的人生当中,又何尝不是如此呢?上帝本来就公平地对待我们每一个人,用心努力去掉外面的边角,不是同样可以获得一个完善的自我吗?而完成这个过程的那位优秀的雕塑家,就是我们自己!

可惜,许多人并不懂得这点,他们总是自怨自艾地趟着这生命的河流。他们羡慕别人的才华,抱怨自己的平庸;他们敬仰别人的成就,责怪自己的失败;他们渴望别人的幸福,诉说自己的不幸。殊不知,他们自己原本就是一座可以变得精美的雕像,只是他们自己没有充当那位出色的雕塑家角色,把自己那些多余的边角小心认真地去掉。

法国作家辛涅科尔说过:"是的,对于宇宙,我微不足道;可是,对于我自己,我就是一切。"所以,当我们在人生的旅途上遇到困难、挫折以及不如意的时候,一定要坚信——我就是那座雕像,只要我振奋精神,坚韧不拔,鼓足干劲,坚持到底,去掉多余的边角,就能获得一个成功完美的自我!

4．成功男人的品位生活

生活的品位在于细节，细节决定成败。男人的品位，是一种生活态度，更是一种无形的智慧和财富。

一、户外运动：融入自然

一个男人至少要酷爱一项户外运动，它不仅是你健康身体的砝码，更是一种生活品位的体现。极限运动、攀岩、登山、滑雪、溯溪等，春夏秋冬，每个季节都有令人心醉的美景。这时候，背上你的行囊，穿上专业正品的户外运动服饰，融入自然，参与富有冒险色彩的户外运动，观赏春花烂漫，享受灿烂夏日，观赏落叶知秋或沉醉于皑皑白雪。当然，户外运动的意义远远不止这些，它所蕴含的是健康积极的生活态度，返璞归真的自然情趣，对生活细节的品味和琢磨，以及对一切困难的主动和掌控。

二、雪茄：近乎于宗教般的神秘力量

娶了凯瑟琳·泽塔·琼斯的迈克尔·道格拉斯说："在喧嚣的世界里，雪茄让人们有机会驻足小憩。抽雪茄是一种近乎于宗教仪式般的神秘力量。"浪漫主义诗人拜伦则更加彻底："给我一支雪茄，除此之外，我别无所求。"雪茄对于男人总有一种神秘的牵引。一支上

成功男人的九大资本

等雪茄、一套奢华的雪茄器具，一个属于自己的空间、提示一种品位的生活、培养一个男人的味道。抽雪茄不是一个简单的抽烟问题，而是一种鉴赏活动，需要依赖一定的技巧、经验和修养。在某种程度上说，抽雪茄不但是一种生活方式，也是一种感悟人生的过程。

三、军刀：男人的精神图腾

其实瑞士军刀从严格意义来说，已经不是刀了，它简直成了成年人的高级玩具。那刀壳上的标志白十字，是某些人精神膜拜的图腾，多少人为它沉醉。从某种意义上说，军刀是男人品位的象征。设想一下，一伙人攀岩到山顶，你靠在一棵参天古树上，掏出粗犷又精致的瑞士军刀，噌的一声启开罐头，是多么惬意的事情。目前国际上主要有两种品牌的正宗瑞士军刀，它们分别是维氏和威戈。瑞士军刀的命名也值得琢磨。野外旅行用的"露营者"、"攀登者"、"登山家"。钓鱼时用的"垂钓之王"、"渔夫"。

四、特品收藏：男人们从容的呼吸

收藏字画、古董的历史由来已久，假如你有一种与众不同的收藏，感觉一定会很不一样，比如烟斗。马克·吐温说，如果天堂没有烟斗，我宁可去地狱。烟斗是一种让人思考的东西。抽烟斗是一件很个人的事，要问自己的感觉，而不是给别人看你有一只什么样的烟斗，那不是烟斗的初衷。烟斗是为从容的男人而生的，你必须学会从容的与烟斗相处。如果你爱他，你会发现，烟斗暗合了几种男人应该具备的品质：从容、内敛、思考、自然。做男人其实还有很多乐趣，都需要从容地去享受，这些东西可能是男人物质生活之外的独特享受。

五、打火机：燃起的激情

每一个抽烟的男人都会喜欢火机，尤其是Zippo。关于打火机，有很多很多的传奇故事。一个小小的打火机如此风靡，即使是在二战最紧张的时候都没有停产过，抽烟或是不抽烟的男人都有收藏的愿望，或许是因为它对火种的传播，也或许是男人的心灵需要它带来温暖。世界上从来没有第二个牌子的打火机象Zippo那样拥有众多的故事和回味。对于很多男士来说，Zippo打火机是他们的至爱和乐此不疲的话题，是他们迈向成熟男人的标志；如果能在生日时收到心仪女士送的Zippo打火机礼物，一定将她奉为红颜知己。

六、高尔夫：奢侈者，运动者

这是一项近乎于奢侈的贵族运动。行走于蓝天之下，绿草之上，自有一份悠然自得。从1983年，霍英东在广东中山三乡建设了中国内地的第一个高尔夫球场——中山温泉高尔夫乡村俱乐部开始，高尔夫越来越被男人认为是身份与地位的象征，然而，懂不懂高尔夫却是品位的象征。现在，中国已经有了200多个高尔夫球场。现在的高尔夫则更像一种休闲方式、一种生活态度、一个社交圈子、一个时尚话题，高尔夫，用20年的时间进入了中国人的生活。这种被称为"绿色鸦片"的运动，让男人在舒缓间彰显身份。

七、垂钓：无鱼亦无我

繁忙之余，垂钓水边，享受一种宁静致远的闲情，别有一番无可替代的乐趣。远处湖水渺渺，烟雾蒙蒙；近处芦苇蒿草，清香扑鼻；不

成功男人的九大资本

远不近处,痴迷的垂钓者,一弯长长的钓鱼竿,淡淡的墨线一般,浅浅地划进水里。垂钓者大致有三层境界:第一层,有鱼有我。为了图个热闹,图个实惠。第二层,有鱼无我。这类钓者就是自己喜欢在河中、湖中、海中垂纶的那种意境,从这个意义上说他们是真正的钓鱼者。第三层境界,无鱼无我。这类钓者钓鱼不仅仅是为了钓鱼,还为的是休闲,为的是修身养性,享受作为钓者的过程和感觉。

八、男人终极品位:选择妻子

男人的生活品位在于细节,就算前面列了那么多,也只是一家之言。最后,要说的是,一个男人的终极品位在于选择妻子,因为选择了什么样的妻子就等于选择了什么样的人生。俗话说,女怕嫁错郎,男人何尝不是。苏格拉底说"一个凶恶的女人能造就一个哲学家",那是他的自嘲。不过也从侧面证明了那种老说法:女人是一所学校。现在,几乎所有的男人都在感叹,好女人都成了别人的老婆,同时也感叹着自己的倒霉。

其实,男人选择妻子的眼光才是一个男人最终极的品位,一个妻子从二分之一意义上决定了你为自己选择了怎样的生活。

选择一个好妻子,至少有几点:贤惠,这是亘古不变的女性美德。知书达理,一个女人的气质和教养是丰富内心的流露。天真有一点童趣。一个男人若是真的喜欢一个女人,就应该最大限度地呵护她的纯真。未失童趣的女子,能让漫长枯燥的四目相对其乐无穷。喜欢读书和音乐。喜欢读书不是看什么花花绿绿的时尚杂志,喜欢音乐也不是什么听过就忘的流行小曲。经典的书籍和音乐能让岁月与生活的琐碎无法在她的心灵上烙下痕迹。还有一点很重要,婚姻生活是一个有颜色、有生息、有动静的世界,很难想象一个不具备浪漫、不具备情趣的女人是个好妻子。好妻子应该是那杯入口清淡,但回味醇香的茶,她没有过多花哨的包装,实在、体贴、包容、内秀,让人放松，无论做朋友还是做爱人，她不是回头率最高的那种，但肯定是平实男人最乐意选择的指向。

生活的品位与金钱、时间有关，而一个男人关于妻子的品位，则只与眼光、情感有关。娶一个好妻子，为你铺床叠被、洗衣掸尘。闲时在自家露台上，一起品尝她亲手煮的咖啡，两人谈天说地，相敬如宾。有妻如此，夫复何求。

第三章 男人的品位资本——无形的智慧和财富

5．品位男人生活之茶

一、品茶：唯有暗香来

如果说男人们喝酒有时带了些"外交"的成分，那么品茶就是男人完全面对内心了。俗语云：酒醉不如烟醉，烟醉不如茶醉。闲暇时候，约三五私友，在悠闲的气氛里，轻言细语，浅酌小饮，完全释放自己紧绷绷的心情，也别有一番滋味。茶是很理性的，它要先被仔细地摘下，细心地烘焙，周全地储藏，然后还要人们懂得正确的冲泡，什么样的温度的水，什么样的茶具，什么样的心情，什么样的人。所以男人也要懂得品茶，西湖龙井风味绝佳；六安瓜片有荒野气息；岳阳君山清香不俗。商场里的男人，若懂得品茶，便懂得了一半人生。

"品"字三个口，一杯茶需分三口品尝，且在品茶之前，目光需注视泡茶师一至两秒，稍带微笑，以示感谢。

品茶之前，需先观其色，闻其香，方可品其味。

1．品红茶

品红茶有七大法则

（1）新鲜的冷水注入煮水壶里煮沸

因为水龙头流出来的水饱包了空气，可以将红茶的香气充分导引出来，而隔夜的水、二度煮沸的水或保温瓶内的热水，都不适合来冲泡红茶。

（2）注入正滚沸的开水，以渐歇的方式温壶、杯，避免水温变化太

大

一般茶壶的造型，都有一个矮胖的圆壶身，是让茶叶在冲泡时有完全伸展及舞动的空间。

(3)谨慎斟酌茶叶量

冲泡浓茶，每人用1茶匙的量(约2.5g的茶叶量)，但是想要泡出好红茶，建议最好以2杯的红茶叶量(约5g)来冲泡成2杯，较能充分发挥红茶香醇的原味，也能享受到续杯乐趣。

(4)将滚水注入壶里泡茶

水开始沸腾之后约30秒的时间，水花形成像一元硬币大小的圆形时，来冲泡红茶，最适合不过的了。

(5)静心等候正确的冲泡时间

因为快速的冲泡是无法完全释出茶叶的芳香，一般专业的茶罐上，都会专业地标示出茶叶的浓度大小(Strength，即强度)，这关乎到茶叶冲泡的时间。例如：浓度分为1～4级，1为最弱，4为最强。冲泡时间则是从2分钟到3分半钟，依次递减。

(6)将壶内冲泡好的茶汤，倒入你喜爱的茶杯中

茶杯虽有各种不同的造型，但一般而言，都是属于底较浅而杯口较宽，因为这样除可以充分让饮茶人享受到红茶的芳香，还可以欣赏到它迷人的茶色了。

(7)依个人口味加入适量的糖或牛奶

若是选择喝纯红茶，所着重的完全就是红茶的本色与原味。而奶茶用的茶叶一般而言都属于口味较重，并带有一些涩味，但是加入浓郁的牛奶之后，涩味会减低而且口感也变得丰富一些。

2．品绿茶

绿茶的品饮，大致有如下程序。

(1)选具

大凡高档细嫩名绿茶，一般选用玻璃杯或白瓷杯饮茶，而且无须用盖，这样一则增加透明度，便于人们赏茶观姿；二则以防嫩茶泡熟，

失去鲜嫩色泽和新鲜滋味。至于普通绿茶，因不在于欣赏茶趣，而在于解渴，或饮茶谈心，或佐食点心，或畅叙友谊，因此，也可选用茶壶泡茶，这叫做"嫩茶杯泡，老茶壶泡"。

(2)洁具

就是将选好的茶具，用开水一一加以冲泡洗净，以清洁用具，平添饮茶情趣。

(3)观茶

对细嫩名优绿茶，在泡饮之前，通常要进行观茶。观茶时，先取一杯之量的干茶，置于白纸上，让品饮者先欣赏干茶的色、形，再闻一下香，充分领略名优绿茶的天然风韵。对普通大宗绿茶，一般可免去观茶这一程序。

(4)泡茶

对名优绿茶的冲泡，一般视茶的松紧程度，采用两种方法冲泡。一是上投法，它适用于外形紧结的高档名优绿茶，诸如西湖龙井、洞庭碧螺春、蒙顶甘露、径山茶、庐山云雾、涌溪火青、苍山雪绿等等，即先将75～85℃的沸水冲入杯中，然后取茶投入，茶叶便会徐徐下沉。

对条索比较松散的高档名优绿茶，一般采用中投法，即先置茶，后冲入沸水。至于普通大众茶，当然是先置茶后冲水了。

(5)赏茶

这是针对高档名优绿茶而言的，在冲泡茶的过程中，品饮者可以看茶的展姿，茶汤的变化，茶烟的弥散，以及最终茶与汤的成相，以领略茶的天然风姿。

(6)饮茶

饮茶前，一般多以闻香为先导，再品茶啜味，以品赏茶的真味。另外，绿茶冲泡，一般以2～3次为宜。若需再饮，那么，得重新冲泡才是。

3. 品乌龙茶

在品茶中,尤以品乌龙茶的方法最为讲究、复杂。

客人入座后,先分好茶托,将沸水倒入紫砂壶、茶海、品茗杯、闻香杯中以温壶烫盏,继而将沸水浇在紫砂壶外表上,名曰"封壶"。接着,把茶盒内的乌龙茶经茶漏用茶拨轻轻拨入壶内,又曰"乌龙入宫"。前后两次封壶、沏茶,再将茶水倒掉,称为"洗茶"。洗茶之后,再次将沸水倒入壶内,在倒水时要特意使壶嘴"点头"三次,名曰"凤凰三点头",以示对客人的尊敬。接着用茶壶盖把浮在水面上的茶末刮去,称为"春风拂面"。给茶壶封盖之后,再用沸水淋壶身,为的是保持壶内外温度的一致,此举称为"重洗仙颜"。

这时,主人应用茶夹把沸水烫过的闻香杯、品茗杯一一放在客人面前的茶托上,接着把过滤网放置在茶海上,将壶中的茶经过过滤网倒入其中,然后用茶海斟入客人的闻香杯里,此为"分茶"。通常茶水只斟七分满,留下三分是情谊——这就是茶文化的特殊含义了。

最后的程序也就是到了闻香品茗之时了。先将闻香杯中的茶水轻轻旋转倒入品茗杯中,然后用手搓一搓柱形的闻香杯,香气便从杯底渐向杯口散溢,端至唇边、馥郁扑鼻、沁人心脾,此曰"闻香"。之后,用拇指和食指扣住品茗杯的杯沿,中指托着杯底,此称为"三龙护鼎"。先要仔细欣赏茶水的汤色,然后分三次细细品啜。分三口喝干是缘于"品"字有三个口,就是人们通常所讲的三口茶暗含"一苦二甜三回味"之意。

二、知茶:十大香茗

中国是茶叶大国,其中的一个表现就是茶的品种特别多。现在全国能够叫的出名的茶叶就有一千多种。在这些林林总总的茶叶中,有以下十大名茶。

成功男人的九大资本

1. 杭州龙井

龙井，本是一个地名，也是一个泉名，而现在主要是茶名。龙井茶产于浙江杭州的龙井村，历史上曾分为"狮、龙、云、虎"四个品类，其中多认为以产于狮峰的老井的品质为最佳。龙井属炒青绿茶，向以"色绿、香郁、味醇、形美"四绝著称于世。好茶还需好水泡。"龙井茶、虎跑水"被并称为杭州双绝。虎跑水中有机的氮化物含量较多，而可溶性矿物质较少，因而更利于龙井茶香气、滋味的发挥。

冲泡龙井茶可选用玻璃杯，因其透明，茶叶在杯中逐渐伸展，一旗一枪，上下沉浮，汤明色绿，历历在目，仔细观赏，真可以说是一种艺术享受。

2. 苏州碧螺春

产于江苏吴县太湖之滨的洞庭山。碧螺春茶叶用春季从茶树采摘下的细嫩芽头炒制而成；高级的碧螺春，0.5公斤干茶需要茶芽6～7万个，足见茶芽之细嫩。炒成后的干茶条索紧结，白毫显露，色泽银绿，翠碧诱人，卷曲成螺，故名"碧螺春"。

此茶冲泡后杯中白云翻滚，清香袭入，是国内著名的名茶，常被作为高级礼品。

3. 黄山毛峰

产于安徽黄山，主要分布在桃花峰的云谷寺、松谷庵、吊桥阉、慈光阁及半寺周围。这里山高林密，日照短，云雾多，自然条件十分优越，茶树得云雾之滋润，无寒暑之侵袭，蕴成良好的品质。黄山毛峰采制十分精细。制成的毛峰茶外形细扁微曲，状如雀舌，香如白兰，味醇回甘。黄山名茶众多，除毛峰外，还有休宁的"屯绿"，太平的"猴魁"，歙县的"老竹大方"等，都各具特色，脍炙人口。

4. 庐山云雾

产于江西庐山。号称"匡庐秀甲天下"的庐山，北临长江，南傍鄱阳湖，气候温和，山水秀美十分适宜茶树生长。庐山云雾芽肥毫显，条索秀丽，香浓味甘，汤色清澈，是绿茶中的精品。

5．六安瓜片

产于皖西大别山茶区，其中以六安、金寨、霍山三县所产品最佳。六安瓜片每年春季采摘，成茶呈瓜子形，因而得名，色翠绿，香清高，味甘鲜，耐冲泡。此茶不仅可消暑解渴生津，而且还有极强的助消化作用和治病功效，明代闻龙在《茶笺》中称，六安茶入药最有功效，因而被视为珍品。

6．恩施玉露

产于湖北恩施。湖北产茶历史悠久，早在唐代就已很著名，现仍是我国的重要产茶省份。恩施玉露是我国保留下来的为数不多的一种蒸青绿茶，其制作工艺及所用工具相当古老，与陆羽《茶经》中所载十分相似。

恩施玉露对采制的要求很严格，芽叶须细嫩、匀齐，成茶条索紧细，色泽鲜绿，匀齐挺直，状如松针；茶汤清澈明亮，香气清鲜，滋味甘醇，叶底色绿如玉。"三绿"（茶绿、汤绿、叶底绿）为其显著特点。

日本自唐代从我国传入茶种及制茶方法后，至今仍主要采用蒸青方法制作绿茶，其玉露茶制法与恩施玉露大同小异，品质各有特色。

7．白毫银针

这是一种白茶，产于福建北部的建阳、水吉、松政和东部的福鼎等地。白毫银针满坡白毫色白如银，细长如针，因而得名。冲泡时，"满盏浮茶乳"，银针挺立，上下交错，非常美观；汤色黄亮清澈，滋味清香甜爽。由于制作时未经揉捻，茶汁较难浸出，因此冲泡时间应稍延长。白茶味温性凉，为健胃提神，祛湿退热，常作为药用。

8．武夷岩茶

产于福建崇安县武夷山。武夷岩茶属半发酵茶，制作方法介于绿茶与红茶之间。其主要品种有"大红袍"、"白鸡冠"、"水仙"、"乌龙"、"肉桂"等。武夷岩茶品质独特，它未经窨花，茶汤却有浓郁的

鲜花香,饮时甘馨可口,回味无穷。18世纪传入欧洲后,备受当地群众的喜爱,曾有"百病之药"美誉。

9．安溪铁观音

产于闽南安溪。铁观音的制作工艺十分复杂,制成的茶叶条索紧结,色泽乌润砂绿。好的铁观音,在制作过程中因咖啡碱随水分蒸发还会凝成一层白霜。冲泡后,有天然的兰花香,滋味纯浓。

用小巧的工夫茶具品饮,先闻香,后尝味,顿觉满口生香,回味无穷。近年来,发现乌龙茶有健身美容的功效后,铁观音更是风靡日本和东南亚。

10．普洱茶

产于云南西双版纳等地,因自古以来即在普洱集散,因而得名。普洱茶是采用绿茶或黑茶经蒸压而成的各种云南紧压茶的总称,包括沱茶、饼茶、方茶、紧茶等。普洱茶的品质优良不仅表现在它的香气、滋润,滋味醇厚,主要供藏族同胞饮用。普洱茶的品质优良不仅表现在它的香气、滋味等饮用价值上,还在于它有可贵的药效,因此,海外侨泡和港澳同胞常将普洱茶当作养生妙品。

在其他的"中国十大名茶"说法中,一般常见到的还有产于安徽屯溪等地的"屯绿"、产于安徽祁门县的"祁红"、产于云南的"滇红"等。

三、选茶：必备的技巧

走进茶叶市场,面对各种各样的茶叶品种,常为不知如何判别茶叶质量而犯愁。其实评判茶叶质量的好与差,目前主要借助视觉、嗅觉、味觉和触觉,采用一看,二闻,三摸,四尝来确定茶叶质量。

所谓一看,就是看茶叶的外形,干看茶的形态和色泽,湿看茶的嫩度、匀度和汤色。

二闻，就是闻茶的香气，采用干闻和泡茶后湿闻相结合的方法进行。

三摸，就好似摸茶叶的身骨，重实与轻飘，光洁与粗糙，以及用手研磨，估量茶叶水分的高低等。

四尝，就是选购茶叶时，凡"吃不准"，不妨泡一杯，尝一尝滋味。

为操作方便，不妨举例介绍如下。

一、外形

从外形看，要求茶的色泽、大小、长短、粗细、形状一致，达到整齐划一。如果长短不一，大小各异，很可能是采摘粗放；色泽多变，形状多样，很可能制作粗糙。至于茶中多西末，或含有杂质，那是制成后筛选不精之敌，此茶算不得佳茗。白开水一杯，既无茶味，更谈不上韵味，这种茶充其量最多只能算是一种解渴的饮料，根本称不上是一种好茶。然而对于不同品类的茶叶，有不同的外形要求。

绿茶中龙井茶要求光、扁、平、直，形若碗钉；

眉茶要求条索紧结、齐一，形如峨眉；

红茶中功夫茶要求条索紧秀；

红碎茶要求颗粒紧细划一；

如果是毛峰类茶，还得看芽毫是否多，芽锋是否露；如果是炒青茶，一旦条索松散，表面粗糙，身骨轻飘，片末多，自然算不得好茶了。这是因为粗老的鲜叶原料是无法做成紧结的条索，而用老嫩不一的鲜叶原料加工而成的茶叶，自然外形各异，大小不一了。

二、色泽

从色泽看，不同的茶类有不同的色泽，就是同一茶类不同的花色品种，色泽也是不同的。如绿茶中蒸青茶要求翠绿，炒青绿茶呈现黄绿，烘青绿茶应是深绿。但不论何种绿茶，都应具有鲜灵活气。绿茶汤色以嫩绿、黄绿为上，并且清澈明亮。红茶以乌黑油润为佳，倘若茶汤红艳明亮，茶杯四周形成一圈金黄色油圈，那就是上品红茶了。至于乌龙茶，则以青褐色光润为好。

三、香气

嗅香气,茶香誉称为"天下第一香",历来为茶人看重。凡称得上是好茶者,必须具有讨人喜欢的香气,或清雅,或浓烈,只要令人神闲意远,有开神敞怀之感即可。倘若有杂质有异味,或染有烟焦味,并非出自茶香,只能使人生厌,又怎能冠以"好茶"两字。

总结历代茶人经验,好茶的香气应该是有"四不",即不庸俗、不浅薄、不单调、不浮躁。这就要求有高压脱俗的气质、深厚实质的内涵、丰富多彩的变化、和谐协调的层次。倘能如此,无论何种类型的茶香,都能为茶人称道。

一般来说,绿茶应具有清香鲜爽之感,其上品还具有板栗香、兰花香等气味。红茶以嫩香或花香者为好。倘若香气浓烈、持久,质量更佳。乌龙茶则以浓烈的熟桃香为上乘。

四、茶的味和韵

茶的味和韵,也就是茶对人口腔的刺激而产生的美感。通常,一杯好茶必须具备丰富的滋味,它不但要求茶汤的味道有不断滋生的感觉,而且咽下以后,仍然产生无穷的回味和余韵。在实践中,也有一些茶,饮时觉得甘甜、润滑,可饮过之后,却没什么回味。所以何为好茶,很难定论。

这是因为茶是一种嗜好品,饮者各有所求,各有所好。诸如绿茶茶汤鲜醇可口,红茶滋味浓厚、强烈、鲜爽,乌龙茶的馥郁,花茶的甘香,白茶的鲜爽等,都有各自的风味,为嗜茶者追求。相反,绿茶味淡、涩口者,红茶味平、粗淡者,当属粗老茶之列。

不过,尽管如此,凡称得上为好茶者,虽各有追求,但也有一个大致统一的标准,这就是虽然各人喜欢的茶类不一,追求的侧重点各异,或重色,或重香,或重味,或重形,或兼而有之,但在茶的品质方面,总有某种心理价位、客观标准。

总而言之,选购茶叶时,最好还要与饮茶者的习惯与偏好结合起来考虑,这样才能选购到满意的茶叶。

6.品位男人生活之酒

一、品酒：酣畅的微醺之旅

对酒的品位则能看出一个男人的生活品位。古有"大禹识酒，杜康酿酒，李白惜酒"，还有"醉卧沙场君莫笑"的诗句。海明威在他的作品里多次提到过苏格兰的Speyside，设想一下，冬日的傍晚，苏格兰的田园小镇，男人打猎回来，女人点起壁炉里的火，为他倒一杯加冰的Whisky，然后坐在壁炉旁看书，是多么惬意的事情。男人在品酒的时候，酒和身份无关，和地位无关，和应酬无关，它仅仅是酒，它只和你的舌头发生微妙的关系，让你体味酣畅的微醺之旅。如果说手里有杯美酒的女人是迷离的，而手里有杯美酒的男人是懂得品味的。

如果说，一个女人的品位气质可以从香水之中得以窥见，那么酒则可以作为评判一个男人性格类型的矢量。从某种角度来看，男人喜欢什么样的酒，他就基本上和那种酒的品质有着不可断割的牵连。对不同酒的爱好能体现男人的性格和品位。

1．选择啤酒

与任何人都谈得来，具有服务精神，爱取悦他人，也易获得别人的好感。

2. 选择鸡尾酒

大多属于善于玩乐的新新人类，很重视气氛。但如果对于鸡尾酒不太重视口味而看重名字的男人，就属于比较怀旧、易伤感、性格比较脆弱的人。

3. 选择威士忌加冰

是个真正喜欢喝酒的人，同时又是个实用主义者，性格开朗，不会装腔作势，与人交往时好恶分明，即使对方是女性也不会因此而有所收敛。

4. 选择不喝酒

是随时要让自己清醒的男人，害怕酒后吐真言。这种男人比较顽固，不愿听从他人的意见，也不会随便表露自己的真实感受，跟这样的男人相处会让人很费心思。

5. 选择红葡萄酒

大多属于干劲十足的人，想做就做，是个现实主义者，凡事都会着眼于现在，对金钱和权力非常执著，相对而言，是个不浪漫但很稳健、很实际的男人。

6. 选择白葡萄酒

是一个拼命追求梦想和理想的人，只是常常忽略小节，因此，而丧失一些机会，对于女性而言会是个好伴侣。

7. 选择粉红葡萄酒

这个男人一定是个"情圣"，非常懂得如何运用鲜花、甜言蜜语和礼物去讨好女性，谈恋爱是把好手。

8. 选择香槟酒

性格比较挑剔，是个不满足于平凡的人，喜欢追求华丽、高贵，对异性的要求也很高，即便是作为普通的朋友，跟他们相处也要具备相当的条件。

二、关于洋酒

洋酒只有三种喝法：

1."纯喝"（Straight），也就是单纯喝一种酒，品位其独特的芬芳与气味。

2."加冰酒"（OntheRocks），即纯喝一种酒但加入冰块，稀释而冰凉的喝，是西方人最常使用的饮酒法。

3."调酒"（Mix），把多种酒类和其他配料调和在一起混着喝，这也就是所谓"鸡尾酒"（Cocktail）。鸡尾酒的配方因人创制而异，也因时代的变迁而有流行与淘汰，但一般来说，许多著名的鸡尾酒，其配方已经可以确定是传之不朽的经典，人们将会自它出世之日，钟爱它至永远。

外国人喝酒，和中国人不大一样。不同的场合，喝不同的酒，也有不同的喝法。吃饭之前，要喝一小杯带酸味的开胃酒，以打开欲大快朵颐的胃口。吃饭时喝的，是佐餐酒。此外还有吃白肉、海鲜等的时候喝白葡萄酒，吃红肉、牛排烤肉之类的时候喝红酒等讲究。开胃酒和佐餐酒，都是酒精度数不高的果酒，像葡萄酒、杜松子酒、朗姆酒等。高度酒威士忌和白兰地，是饭后或不吃饭时喝的。喝威士忌、白兰地，不用下酒的菜肴，只是喝酒即可。

通常来说，喝酒的顺序是：低度酒在先高度酒在后；有气在先，无气在后；新酒在先，陈酒在后；淡雅在先，浓郁在后；普通酒在先，名贵酒在后；白葡萄酒在先，红葡萄酒在后。

以下是洋酒在国内夜场（慢摇和酒吧）的几种时尚喝法：

1. 伏特加＋橙汁：从狂野到柔情

这是一种最为流行的喝法，在酒吧里还有个绰号叫"螺丝刀"，但一直没弄明白伏特加与橙汁怎么会和螺丝刀扯上关系。本来伏特加这东西总让人联想起一片苍凉的西伯利亚，《苏州河》里男女主人

第三章 男人的品位资本——无形的智慧和财富

成功男人的九大资本

公也一直在喝一种有一根野牛草泡在里面的伏特加,不过现在很多年轻人的新式喝法加脉动,口味不错哦。

2. 芝华士+冰绿茶+苏打:绵里藏针

本来威士忌是一款很烈的酒,净饮的话几乎就是烧着喉咙下肚,所以连酒商都会介绍你要勾兑一倍的苏打水,这样喝起来才不会那么烈,口感比较平和。可到了酒吧里,这搭配就有几分好玩了,一定要冰绿茶,不能用冰红茶,还以康师傅这牌子的为好。一杯芝华士两支绿茶些许冰块交融于扎壶里,结果就在一股仙风道骨的茶香中,酒精悄然而入,不多时真有了列子御风而行的感觉了。其实这种勾兑的方式很伤胃的,建议大家适量。

3. 纯白轩尼诗+苏打水:降贵纡尊

轩尼诗是法国白兰地的四大品牌之一,很烈、易醉,法国人一向是很骄傲的,要是得知轩尼诗被这样勾兑一番,不知会作何感想。喝白兰地的时候,要用高脚玻璃杯。每次倒到杯里的酒,只能有一盎司左右。用中指和无名指,夹住酒杯高脚,双手紧捧酒杯,慢慢来回晃动。利用手掌的温度,把酒均匀加热。

酒温达到人的体表温度时,酒香四溢,浅浅喝上一小口。千万不要急于下咽,把酒含在嘴里,让舌头与口腔充分感受酒的味道。

4. 杰克丹尼斯+可乐:最终出成果

据说当年是某位国家领导人发明了陈醋加雪碧的喝法,所以美其名曰:天地一号。没多久市面上还真出现了一款名为"天地一号"的饮料。杰克丹尼斯加可乐的组合到底有多好喝要视个人口味而定,不过据说国外已经有了类似"天地一号"的产品,名为杰可,顾名思义,主要成分是杰克丹尼斯加可乐。此种兑法最宜P酒之用,入口好,在汽水的作用下酒精上头快。P七八杯就已经OK。

5. 兰姆酒+毡酒+汤力水:火在水里燃烧

两款酒都很烈,混在一起更是烈焰熊熊。两款酒都很清澈,合在一起也还是平静如水。所以说,在喝酒人的眼里,水和火是没什么分别的。此酒适宜品尝不宜用来劈,不然会灌倒好多人!

6．百利甜酒＋苏打水：女人香

女人喝酒是很冒险的,其形象要么特别堕落,要么就特别美丽。百利甜酒的所有组合都是为了迎合女士们,除了加苏打水,甚至还可以加牛奶!

7．百家得兰姆酒＋可乐：自由古巴

古巴产的百家得兰姆酒碰上了自由的美国可乐,其实这世界的冲突漩涡中也有一些可爱的和谐,比如卡斯特罗和克林顿都喜欢雪茄,还有这杯自由古巴。

8．龙舌兰酒＋柠檬＋盐：火速龙舌兰

其实这是龙舌兰最正统的喝法,之所以入选是因为喝起来感觉很江湖。以前看世界杯时和三五好友边看球边将一些雪碧加进里面,看到精彩处大家就一起拿起杯子拍向桌子,然后一口而干,痛快之极。记得看《生于七月四日》时,墨西哥还有一款龙舌兰酒,每杯里都泡了一条虫子,人们一口把酒吞下,再狠狠地将虫子吐出了,酷毙了。

9．香槟：泡沫中的庆贺

香槟的最佳饮用温度,非年份香槟约在7～10℃之间,年份香槟则约在10～12℃之间,只要在饮用前将香槟瓶放入置了冰块的冰桶中冰镇约20～30分钟即可。高脚香槟杯最能衬托出香槟的优雅,同时也较能保持香槟的气泡与香气。至于有一种经常用来堆砌香槟塔的广口高脚杯,虽然豪气十足,却容易使气泡在短时间内逸失殆尽,并不是十分合适。

三、白天不懂夜的美——泡吧

"美酒加音乐,很疯狂,很多人"。一般人对酒吧的认识似乎只至于此。

成功男人的九大资本

然而,它更多的是一种精神上的东西———一种品位,一种生活,乃至一种时尚。如今泡吧的人,已经与喝酒游离甚远了,那里是一个浪漫、温馨的情感驿站,一个呈现自我、挥洒激情的世界。

1.千金散尽还复来

华灯初上之时,酒吧在都市里亮了起来,它是夜之景,夜之曲。下班时间去泡吧,已经成为都市人时尚的休闲方式。

对泡吧者而言,考虑酒钱总是多余的。只要有点档次的酒吧,普通啤酒都要20~25元一听,自调鸡尾酒则价格不一。house酒吧一瓶红酒要120元,苏格兰酒吧10瓶装小啤酒则要300元。尽管价格不菲,只要一进入酒吧,多数的泡吧者是不会皱眉头的,至少在他们看来,一边喝酒一边想着钱包多少是令人扫兴的。

生意人、白领阶层以及有经济能力的社会闲散人士,成为酒吧的常客,这些人往往有一份以上比较稳定的收入,接受过一定的高等教育,他们推崇的是"千金散尽还复来"的豪气。

尽管如此,酒吧老板们深知,做好生意的第一关是在酒钱上留住人心,那么,各种打折、优惠、抽奖活动的出现就不足为奇了。

而泡吧者却有自己的看法。一位经常出入酒吧的公司职员这样说:"我会经常到一些装饰讲究、服务周到的酒吧去,因为在那里消费,享受优惠的同时,也感觉自己受到了尊重,而这种感觉会促使你再次消费。"

2.萝卜青菜各所爱

泡吧者手里攥着钱,显然也不会轻易花钱买罪受。

风格不一的各类酒吧,从音乐、消费、装饰等方面区别了泡吧者的情趣选择,从而满足了时尚一族难调的众口。

正因为此,不同风格、不同地理位置的酒吧,往往都有自己相对固定的顾客。有的人喜欢那里的音乐,有的人钟爱那里口味不同的酒,有的人则只是看重了那里的气氛。

各种爵士吧、休闲吧、音乐吧、演艺吧、动吧、静吧,一应俱全,时尚的泡吧者总会找到自己的至爱,比如音乐酒吧,讲究气氛和音乐效果,配有专业级音响设备和最新潮的音乐CD,时常也会有一些表演。柔和的灯光,柔软的墙饰,加上柔美的音乐,吸引着不少注重品位的音乐爱好者。

某服装设计师就经常去酒吧。他喜欢的是音乐酒吧,其理由是:音乐酒吧里,有一流的音响设备,有DJ打碟和混音表演,在品位美酒佳酿、特色饮品的同时,人们可以和亲朋好友轻松自在地获得快乐。

3.天天都是夜归人

为什么酒吧会有如此无穷的魅力呢?

说到底,酒吧之于都市的年轻人,不仅仅是一种时尚,更是一种生活方式。许多人看上了酒吧的无定义性,把酒轻尝、谈天说地,叙叙旧、发发牢骚,寻找短暂的情感寄托,在一个任意的氛围中,酒吧是夜归人最忠诚的藏身之处。

都市人白天工作紧张,晚上就理应到酒吧happy一下,让自己的心情high起来。被领导批评了,可以到酒吧里发泄!跟老婆吵架了,可以大声说"把她休了"!春风得意之时,可以大胆地"粪土万户侯"!而被情人抛弃的,则可以在此体验"对影成三人"的境界。而不论带着什么样的心情走进酒吧,当他们走出去时,他们又会心境如水地溶入大千世界。

某大学教授周末非常喜欢去泡吧。他认为平时人们都在努力工作,很少有时间出来跟朋友聊聊,即使有时间好像也没有合适的地方尽情畅谈,酒吧就为人们提供了既可放松又可联络情感的场所。

对这位有品位的教授来说,酒吧已经成为他生活的一部分了,如果没事,他几乎天天都会去小泡一下,他说,如今人们对酒吧已经司空见惯了,大街上几乎天天都看得到喝得起劲的"夜归人",泡吧俨然变成了人们的一种生活。

成功男人的九大资本

7．品位男人生活之香水

当香水成为一种生活方式高品质的演绎，男人们对自身气质的锤炼已不仅仅满足于他事业上王者的扮演，要知道，做有品位的男人，才能彰显自己与众不同的文化魅力。而享有一瓶高品质的香水，绝对是一种具有品味的人生体验。

一、香水：诠释男性魅力

淡淡青草香、优雅的森林味，在如火的气息中，展现独特的清爽幽静，是男人身上最迷人最具诱惑的味道。有时尚名人说"气味让女人敏感，让男人冲动。"男人的魅力有来自于对香水的热爱和敏锐。

在情人节的夜里，男性香水的幽幽香泽突破时空的局限，传递出一种新时代男士或优雅迷人或热情挑逗或内敛沉蕴的性格理念。那一刻，他所深爱的女人定会被男性的权威与野性征服。

香水的激情与幻想的力量是无限的。任何人都有过这样一种体验：某种气味在刹那间唤醒了你对一个人、一件事、一个特殊的场景、氛围或一种情感的记忆。这可能是由于嗅觉比我们所能想象的要丰富深刻得多。

当男性坚信名牌香水的高雅乃是一种身份和品味的标志，他的魅力也定会有最好的体现，试试选择这样的香型诠释自身魅力。

新鲜的果香夹杂着柔和的薄荷香，这美妙的男性香味，体现充满活力，生气勃勃的男士形象。

百合柔和的花香和天芥菜、茉莉等浓厚的花香参差在一起，呈现温柔而舒服的男士形象。

白檀香、零陆香豆、横麻种子以及麝香等香气显示强烈而性感的男士形象。

二、香水：个性的延伸

香水，能让男人充满自信，并彰显个性，甚至拔萃出众。

如果说香水能在我们的身上产生很深的感情，那是因为它能打动身心，让你是多么的与众不同。有些艺术品是供你看的，比如绘画作品。有些是供你听的，比如音乐作品。而香水是供你嗅觉、视觉与听觉共同欣赏的艺术品。

美国香水大师托特·安东在《香水与文化品位》一书中说："香水文化的含义不仅表现在实用功能上，而且也表现在精神感知上。"当一个女人面对一瓶精美、优雅的香水时，能够发现自己需要它的文化观念和进行这种观念的表现技能，那么就真正从文化的层次上占有了香水，而且这是一种优越于别人的象征。

现代时尚的审美标准：一个香水男人应该是这样的，把自己的高尚气质，借着优雅香气的暗暗传送，展现出独特的个性魅力和文化形象。

个性化不同的香调主宰着香水的个性，并赋予使用者不同的气质。以下为常见男性香水主香调所包含的种类及特性。

柑橘、柠檬、莱姆、橘子、佛手柑等。运用于大部分中性化运动型香水，各年龄层皆适宜，适合休闲、户外活动等较轻松之场合。

檀香、麝香，属于持久性较强的香调。香味温暖、神秘而性感，较适合成熟男性使用，拥有独特的个性魅力。

成功男人的九大资本

熏衣草、松柏、草香、橙花、铃兰等,香味平实、清爽,重视草香轻飘的感觉。适宜上班族白领阶层企业人士,高雅而风度翩翩。

柑橘、橡树苔、薄荷酒、岩兰草油、檀木香干爽木香的效果,再结合柑苔系的清香,感觉清爽,适合热情且个性化的男性。

水果与佛手柑的味道,香味均匀,适宜任何场合,不易出错的保守选择。

三、香水:帮你舒缓压力

在世界上3500种香草植物中,只有200种气味最终溶解在酒精和蒸馏水里,成为香水。这些已经难以用"芳香"二字来形容的气息,却能对忙碌而疲惫的身体和心灵创造奇迹——可以让你在疲劳中瞬间恢复自信。当工作压力排山倒海而来时,不妨让自己沉浸在香水的芳香中,为你适时减压。

根据美国芝加哥"嗅觉与味觉试验暨研究所"神经病学专家阿伦·赫奇博士的研究:香水中所蕴藏的复杂的植物气味可以极其有效地舒缓身体的紧张感和疲倦度。"我们发现,最自然而且最具植物精髓的香水,对人类自身的健康是非常有益处的,因为它们能完全地融合到我们身体的气息中。"

香水无疑有减压和振奋精神的作用。香水不仅延伸了我们对自我身体的一种表达,也舒展了隐藏在心中的某种情绪。

香水师鲁道夫·齐朴尔说:"具有淡淡果香的清新前味,花香的中味以及木香取向的后味,将以极为清凉的温度调动你身体的热情,随着香水在身体上的升温,你会发现,你的心情在不知不觉间愈来愈好。最具有振作精神和舒缓压力的香水应该含有以下的诸种成分:

绿色草本芳香类,以迷迭香、松针、冬青类最好,如香奈尔NO.19,贝斯佳矿泉香水。

柠檬属果树香类,以葡萄、柑橘、柠檬、酸橙为最好,如卡文卡莱的CKONE,兰蔻的奇迹香水。

水香类,以海藻、海水芳香为最好,如大卫杜夫的冷水,高田贤三的清泉。

茶香及传统香料类,以绿茶、肉桂为最好,如伊丽莎白·雅顿的绿茶。

薄荷芳香类,以西班牙薄荷、胡椒薄荷、桉树最好,如娇兰的薄荷香草,卡文卡莱的CKbe。

四、男士香水的最佳涂抹部位

把香水用得恰到好处,不露痕迹的男人,必有胜人一筹的品位。

香水吸引人的秘诀在于正确的使用技巧,擦香水只要用无名指,轻轻地在脉搏上压两次就可以了。宜涂抹在动脉跳动处:如手腕、脚踝、膝后、脖子、耳后、手肘内侧……让香气自然地散发出来。皮肤容易过敏的人可将香水改喷在内衣、手帕、裤脚或领带内侧;随着肢体的摆动而散发;而腋下与汗腺发达的部位切勿使用香水,否则香水与体味混合,会带给人恐怖的嗅觉经验。建议男性在如下部位涂抹香水。

(1) 耳后:因头发与头部的遮挡可避免阳光直射,涂少量的香水即可。随风飘过时,淡若游丝的香味易令人回味。

(2) 胸(左侧):涂于心脏上方的效果较佳,但因是自己鼻子最易闻到的地方,用量要适当控制。据说把香水用在胸腔的男人最性感,也最具安全感。

(3) 手肘内侧:适合使用喷式香水轻喷于两手肘之上,随着脉动香气会逐渐向周围扩散,涂在脚踝上也有相同的效果。可隐约闻到的香气最迷人。

成功男人的九大资本

五、国际市场上经久不衰的男用香水品牌

切维浓：即城市猎人，是来自法国的前卫男用香水系列。具有清新敏感的芳香，有以不可思议的男性魅力，它浪漫、潇洒、不拘，传达出代表五、六十年代美国式梦想和精神，更有一种追求悠闲年代的生活品味。

哈利：它不仅是好莱坞明星、流行歌手们最喜欢的香水，亦是企业家、社会名流、上层社会男士常备的香水，因为这种香水象征着他们的成就与权力。表现出男士们的特质，是一种充分体现男性美感的香水。不同的心境下，它代表着勇敢、冒险、高尚、优雅、精练和多情的感觉。

兰堡No.6：它是美国第一任总统乔治－华盛顿最喜爱的香水。今天在纽约，人们仍能买到它。

兰德尔：随着男用香水渐渐普及，其香型也由清新提神作用而转为表现性感魅力的标志。其中最为典型的就是兰德尔，这种香水除了有熏衣草油外，有一定比例的橙花油和檀香，三者都能产生性的幻想。

凯热No.10：NO.10是马球运动的最高分，这种香水推出时，打着为知识男性服务的口号。他的征服者包括指挥大师赫伯特－冯卡拉杨。

奥德：它的香型包括了丁香、肉桂、香草及诱人的麝香，装在洁白纯净的瓶子里，一时成为二战期间美国军人装备的必备物。直到今天，它仍是美国人最爱的须后水。

第凡内：优雅的欧洲绅士风格，以玫瑰香型为主，混合森林环保基调，由第凡内公司出品，每盎司高达200美元。

小马车：艾尔媚的招牌香水，其男用品系独有男性气质和阳刚之美，每盎司170至200美元。

鸦片：圣罗郎出品，浓郁的东方香味，神秘而具男性魅力，是国际市场上又一经典的男性香水品牌，每盎司约170美元。

第三章　男人的品位资本——无形的智慧和财富

第四章　男人的财富资本
——你不理财，财不理你

钱对于男人来说，意义非凡。你不理财，财就不理你。大家都知道理财的重要性，也有人开始投资，但是却没有一个理性的投资计划。男人要多了解一些财经知识，千万不要以为这只是财经界人士的事情，因为生活处处充满着理财的学问。在学会理性理财、理性投资，养成储蓄习惯的同时，还可培养出其他一些良好的品德。

1. 男人的财富观

财富是个人人生成功的一个重要标志,也是社会地位和社会尊重的象征。商品经济的发展和市场体制规则的确立,为财富提供了崭新的定义,赋予了财富与以往迥然不同的内涵,也刷新了我们对财富的认识和期待。

一、藏富:传统与现实的困境

"藏富如防贼"。在我国,藏富有着悠久的历史传统。自古以来,有钱人总是想尽办法,把钱藏着掖着,说什么也不能暴露。财富对他们而言是一个巨大的隐私,如同自己私密处有个胎记一样,绝不能示人的。这一点,单从历年《福布斯》财富排行榜发布后,上榜富豪们的反应就可以看出一二来。他们的反应几乎是一致的,那就是愤怒。

藏富并不是一种正常的财富观,把财富隐藏起来,实际上是在逃避社会责任。更多的财富意味着更多的社会责任,不仅仅是纳税、解决就业,富人在中国的社会经济和政治生活中扮演着越来越重要的角色,对中国社会的走向所产生的影响力越来越大,富人需要为社会作出更多的贡献。财富的合理流动和使用,会对社会发展产生良性的影响,将会为收入差距的缩小,并最终实现社会成员间的共同富裕创造条件。而藏富、守富只会使财富的流动趋于停滞,使贫富分化更为悬殊,社会矛盾进一步激化,共同富裕变得遥不可及。

二、炫富：有钱人的非典型行为

与藏富形成鲜明对比的是，部分富人唯恐别人不知道自己身家，而对财富大肆夸耀。从改革开放之初频频见诸报端的豪奢无比的黄金宴、天价的衣着类消费品和砸汽车、扔钞票等等的斗富比阔，到不久前媒体曝光的36万元一桌的豪宴。一直以来，用超乎常规的消费现象来炫耀财富的行为层出不穷。

稍微观察一下今日中国社会，可以看到无数千奇百怪的炫富式消费现象。房子越贵就越有人买，从舶来的流行式样别墅，到豪华公寓，再到分布在各风景名胜区的度假村，价钱越高问津者越众，就像电影台词中所说：不求最好，但求最贵。吃的方面就更邪乎了，全国各地的菜系互相攀比、争奇斗艳，花样翻新之快，噱头变化之速，绝对是世界之最。鲍鱼、海参、鱼翅、燕窝已是家常便饭，各种野生稀有动物也成了盘中餐，甚至不久前有人异想天开地推出了"人乳宴"。如此光怪陆离的景象正应了那句老话：没有做不到的，只有想不到的。

在市场经济加速发展，富人越来越多的当今时代，如何树立积极健康、有益于社会发展的现代财富观，勇敢承担社会道义，热心公益事业，做一个既富裕又不乏同情心、诚实守信又富有社会责任感的现代富豪？那些沉迷在酒池肉林、豪宅盛宴中的富人们，是否也该作一些积极的思考呢？

三、仇富：追问公平与理性思考

民营企业家李海仓的意外遇害使"仇富"话题成为公众关注的一个焦点。

成功男人的九大资本

在中国,仇视、鄙夷富人的文化传统悠久,"为富不仁"和"均贫富"的观念根深蒂固。为富不仁的故事比比皆是,而"杀富济贫"者却往往被视为英雄。

在人民大学社会调查中心的一项调查中,对"您认为在如今社会上的富人中,有多少通过正当手段致富?"的问题,仅有5.3%的人回答"有很多"。"富人的钱,干净吗?"成了公众普遍的疑问。而一个个"问题"富豪的暴露,又似乎印证了公众心中的疑问。

国务院发展研究中心曾发表过一个中国富人的"金钱模式",比较策略地使用了"腐败"这个模糊的概念。

与此同时,著名经济学家吴敬琏有一篇文章专门谈论这个问题,他归纳说,中国的民间巨富,有很多是来自于中国的"裙带资本主义",是权力资本化的结果。这些也就是目前常说的中国富豪的"原罪"问题。应该看到,富人的存在或者贫富差距的拉大,并不必然产生仇富情绪。重要的是,社会是否提供了一个公平竞争的环境,让那些穷人通过后天的合法努力也成为富人。如果大多数中国人不相信社会给他们提供了公平的机会,而认为"关系"提供机会,腐败创造成功的话,仇富情绪才会有发芽生长的市场。

因此,至少在目前,在制度环境规范和完善之前,我们没有理由对仇富心理简单地下个结论,不仅如此,我们还应当看到它的积极意义:促进社会公正,推动社会文明。只有将富豪们置于公平的规则和同一起跑线之下,才能消除杀富济贫思想,根除仇富心态,整个社会才会对先富之人有一个宽松的环境,这个社会的总体财富才会向前良性地发展,国家才会真正走上良性的轨道。

四、崇富:呼唤"财富品质"

何谓财富品质?财富品质就是财富的真正价值,它既与财富本身有关,也与财富创造者的个人品质有关。个人财富的多少在很大程度上还依赖于这个人所处的行业，宏观环境等多重因素，这些条件每个人都会有很大的差异。

但另一方面，绝大多数的富豪身上却都存在着极为可贵的财富品质，如应对失败的能力，对机遇的把握，敢为人先等。富人的增多并不是坏事，社会物质财富总量不断增加是经济繁荣、社会进步、生活水平提高的重要基础，在全社会创造出一种对财富的恰当的尊敬和推崇观念，应该是社会发展的软环境的题中之意。

"崇富"氛围的营造，不仅需要富人们的身体力行，同时，也需要公众的积极配合。在经济形态完成从计划向市场的转型后，社会价值观念也应该相应的在文化意义上完成转型，就大众层面来说，也需要建立起与时代发展同步的、积极健康的现代财富观。这样，在公平的竞争环境下，每个人都能和富人们一起站到同一条起跑线上，竞逐财富，没有人会仇富；随着市场体制的健全、社会环境的改善，富人们也就没有必要藏富了；炫富的行为也将受到公众舆论的谴责和抵制，为财富的增长创造良好的社会环境，从而推动经济的发展和社会整体的进步。

五、保富：对金钱的正确态度

金钱观是对金钱的根本看法和态度，是和人生观紧密相连的。金钱是适应商品交换的需要而产生的，随着商品经济的高度发展而逐渐成为财富的象征。

金钱是幸福生活的必要条件，但金钱并不等于幸福，因为人类不能没有精神生活。物质生活富裕而精神生活空虚的人，就不会有真正的幸福。

在制定理财目标的时候，我们大多数人都是怀着最为良好的愿望。可是，我们当中又有多少人真正达成了自己制定的目标呢？你对于金钱究竟是如何理解，抱持着怎样的态度，这些的确都是非常重

成功男人的九大资本

要的。以下五点或许可以帮助我们建立更好的认识。

1．从小数目到大数目

很多时候，看似微不足道的努力最终却可以让我们彻底征服面前的所有困难，达到看似非常了不起的目标。

比如，一位三十二岁的投资者打算在六十岁的时候退休——他目前拥有大约3万欧元的积蓄，未来将每月储蓄300欧元。假设他能够坚持这种小步舞曲般的速度，那么，在投资年平均回报率7%的情况下，到了六十岁时，他就将拥有超过50万欧元的财富。如果他将每月的储蓄额度小小提升一下，使其达到350欧元，那么到退休时，他就将拥有大约53万3000欧元。伴随时间的演进，小数目会变成大数目，如果我们能够明白这一点，在储蓄和投资时就将拥有更为强大的动力。

2．每年评估自己的进度

如果我们每月都确认一下自己的进度，实在未免太过琐碎，更何况相对于那些财务目标而言，如果我们发现自己取得的进展较大，我们就会受到更大的鼓舞，所以我们不妨拿这种小把戏来骗骗自己。换言之，如果我们需要50万欧元来退休，那么每月投资的200欧元看上去就会让人产生微不足道的感觉，似乎可有可无；不过，如果我们以年为单位来观察，那么每年投入2400美元，即便不计算相关的盈利或者资本利得，这数字看上去也会可观得多。在制定下一步的计划时，我们也应该使用整数，这在数学上也容易许多。

比如，明年我们要储蓄3000欧元，这就意味着每月250欧元——比今年只是增加了50欧元。在我们的日常开支预算中，这就像是一笔每月还款一样。还款只要情况允许，当然是尽快完成的好，那么每月再多还50欧元如何？必须重复强调的是，小数目会变成大数目。

3．写下自己对于金钱及债务感受

我们应该将这些想法写在大张的纸上，然后张贴在自己每天能够看到的地方，最好是每天早晨起床之后和开始一天的生活之前就能够看到。我们的大脑总是倾向于相信我们情绪面的各种体验，无论它是真实还是虚假，因此我们自然就可以利用这种倾向来激励自己，保证自己的投资和储蓄不会偏离轨道。

如果你现在已经结婚，就应该让配偶把感受和自己的写在一起。很多夫妇完成了这一工作之后，从金钱观角度重新认识了对方，他们都感到非常惊奇。事实上，我们在结婚之前就应该考虑这方面的问题了，夫妇双方最好能够在对于金钱、债务和整体理财的诸多问题上看法合拍。

4．找一位理财教练

一位客观的第三方人士可以帮助你每年评估一次理财方面的进展，有无这种指导，其差别是非常巨大的。

5．必要时更新自己的计划

我们应该将自己的理财目标和对金钱的感受记在小卡片上随身携带，或者是写在自己的笔记本上面，随时拿出来看一看。只要我们的情况发生了变化，就应该想想是否应该更新计划。

在理财方面，我们都会有自己的一系列习惯，其中既有好的，也有不好的，而且其中一些习惯都已经根深蒂固，除非真正将它们写在纸面上，和其他人进行讨论，我们往往都很难认识到自己的这些习惯。那些好习惯应该保持和发扬，作为我们理财工作的良好基础，至于那些坏习惯，则应该尽量予以革除。

2．男人理财的阶段性特点

越来越多的人开始重视如何利用好手头的钱了。只有明确了人生各阶段特点，才有助于人们合理支配资金。

阶段一：单身期

这个阶段是资金积累期。理财的目的不在于获利而在于积累资金及投资经验。所以，可抽出部分资本进行高风险投资。另外还必须存下一笔钱，一为结婚，二为投资准备本钱。年轻人的保费相对低些，可为自己投保人寿保险。

阶段二：家庭形成期

这一时期是家庭的主要消费期。家庭已经有一定的财力和基本生活用品，为提高生活质量往往需要较大的家庭建设支出，如购买一些较高档的用品；贷款买房的家庭还需一笔大开支。

阶段三：家庭成长期

在这一阶段里，家庭成员不再增加，家庭成员的年龄都在增长，家庭的最大开支是保健医疗费、学前教育、智力开发费用。同时，随着子女的自理能力增强,父母精力充沛,又积累了一定的工作经验和投资经验,投资能力大大增强。在投资方面鼓励可考虑以创业为目的,如进行风险投资等。购买保险应偏重于教育基金、父母自身保障等。

阶段四:子女教育期

这一阶段里子女的教育费用和生活费用猛增,财务上的负担通常比较繁重。那些理财已取得一定成功、积累了一定财富的家庭,完全有能力应付,可继续发展投资事业,创造更多财富。而那些理财不顺利、仍未富裕起来的家庭,则应把子女教育费用和生活费用作为理财重点。在保险需求上,人到中年,身体的机能明显下降,对养老、健康、重大疾病的要求较大。

阶段五:家庭成熟期

自身的工作能力、经济状况都达到高峰状态,子女已完全自立,父母债务已逐渐减轻,最适合累积财富。因此理财的重点是扩大投资,但不宜过多选择风险投资的方式。此外还要存储一笔养老资金,养老保险是较稳健、安全的投资工具之一。

阶段六:退休期

这段时间的主要内容应以安度晚年为目的,投资和花费通常都比较保守。理财原则是身体、精神第一,财富第二。保本在这时期比什么都重要,最好不要进行新的投资,尤其不能再进行风险投资。另外,在65岁之前,检视自己拥有的人寿保险,进行适当的调整。

成功男人的九大资本

3. 好男人的理财之道

身为男人，无论是选择先成家，还是先立业，两件事都与荷包有关。当年古人云：君子爱财，取之有道。那么今天的男人，都是怎么打理荷包的呢？

一、大男孩行动——存钱存钱再存钱

人物：RICKY

年龄：29岁

职业：外企销售

月薪：10K

理财心得：存的钱可以讨老婆，但却不够有孩子。

RICKY是个阳光男孩。不过，要说一个29岁的男性为男孩，倒真是有些难堪。距离男人，他们差了一步；距离十七八岁的青春少年，好像又离得太远。

他最近不断在相亲的饭局中奔波，从徐家汇到南京西路，RICKY一次又一次地和不同风格的女子约会。"都是同学、朋友、亲戚安排的。要是在前几年，我肯定是躲也躲不急，但现在，我竟然乐此不疲。"RICKY很有些颓废，聊到后来，他竟说自己开始"堕落"了，"居然为了结婚，要走到相亲这一步，真是没面子。"

"我已经存了三年的钱，我终于也觉得累了，想有个家，想有个女人缠在我身边,哪怕她唧唧歪歪每天吵死人。"RICKY之前的生活是极之潇洒的,甚至在旁人眼里都有些奢侈了。因为是土生土长上海小男生,RICKY工作后仍赖在家里,除了每月上缴"国库"的2000元,其他的薪水都被全数"洗"掉。

"上海房价一阵猛涨,倒真是吓着我了。我终于意识到,再没有一点积蓄我会连女朋友也没有,更别说讨老婆了。"为了这个长久大计,RICKY开始有计划地进行储蓄,三年时间,竟然有了25万元的一个存折。

"25万,说多不多,说少也不少。可我心里越来越明白,这点钱结婚也不宽余,等房价开始跌一点了,再让父母出点钱,买个小户型吧。房子就这样解决了,可我却是不敢想以后的。人家说,养个孩子要几十万,我一听头都炸了。房子妻子儿子票子车子'五子登科',我还是先解决前面几大难题吧。"RICKY话里,不无伤感。

理财点评:储蓄是第一大计,理财专家建议,单身男性若有成家打算,就应及早筹措未来的"安家费",并采取积极的理财计划:这一阶段的男性大多刚工作不久,理财目的大多是与进修、旅游或储备结婚经费有关,但因此时收入一般也很有限。所以,储蓄应该还是第一条金钱流向,另还可投资一点信誉较好、收益稳定的优质基金。

参加工作以后应及早做三件事:第一,把自己收入的20%~30%做储蓄基金。第二,预算教育支出,占自己收入的10%~15%。第三,参加一份占自己收入的5%~10%的健康保险。

二、好父亲行动——为孩子改行做销售

JIM有个乖宝宝,他儿子的玉照在JIM的"活动范围"内俯首皆是:办公室、汽车、钱包……人们都说,JIM的儿子和他如影随形;而JIM则说,随行的代价是我每月1/3开销得"捐献"给这可爱的儿子同志。

成功男人的九大资本

JIM 基本上保持每个月5000人民币的花销用于儿子的各类投资,"其实我也不知道哪需要这么多,但反正东用西用,一不小心就凑齐这个数了。"JIM 家里专设了一个宝宝"基金",当孩子有需要用钱的时候,就从那里面支取。

自从有了宝宝,JIM 的工作状态就变为更加CRAZY。以前做行政的他,开始改走起销售路线来。对于这样一个巨大的转轨,JIM 居然在三个月之内就成功"变脸"。"以前做行政,都是人家来求你做事的,现在改做销售,真是得天天拜访客户,求着人家买你的产品。"但所幸JIM 能力不错,很快就适应了销售一职,月收入也由以前的8K 增长到了现在的15K,当然,这还不包括年终的大红包。

"儿子真是心头的一块宝,看着他,真觉得有无穷动力一样,激励我不断前进,去赚更多的钱来养家。"

JIM 说,现在他的收入足够家里的所有开销,当然还能有一定存余。"老婆的钱嘛,基本上全部都存起来,她经常开玩笑说,这是我们一家的'保命钱'啦。"

JIM 太太也是外企里的中层管理人员,每月收入稳定且年终回报甚丰,算下来月入都是上万的。"我们也做一定的投资,自有了这个小宝贝,我们真的开始觉得肩上的责任重了。"JIM 和太太的主要投资方向是基金和保险。"现在房产太贵,入门门槛太高;保险买来是给家里有个保障的,许我们自己一个未来吧;买基金则是没办法的办法,现在股市太差,只要等它好一点,我还是会马上转投股市的。"

理财点评:如今子女的抚养教育费用是越来越惊人了。如果不理财,只是简单地把资金存在银行里,拿每年1.8%的定期储蓄税后收益,估计还追不上物价的上涨速度。因此,教育理财一定要及早动手。

目前不少银行已经推出了专门针对教育的理财产品,年收益在3%左右。产品设计一般充分考虑到客户积累教育资金的需求,根据客户的不同风险和收益偏好,设计出教育储蓄、教育保险、基金等综合性的理财方案。且银行与基金管理公司合作,会对投资组合产品的市场变动收益与风险进行定期分析,并为客户提供买卖交易建议。这是推荐给"懒人父母"的一个理财"万金油"。

三、大丈夫行动

人物:王先生
年龄:32岁
职业:公司中层
月薪:8K
理财心得:挣的钱全数"伺候"老婆和没出生的孩子,有些吃力。

王先生最近非常激动,"两个月后,孩子就要出生了,想起来就开心。"

不过在开心的同时,王先生也有些叫他郁闷的事。"从妻子怀孕之后,我才知道,原来天底下最暴利的东西,竟然是孕妇装。"王先生说,他在妻子被检查出怀孕之后,立马欢天喜地地跑去淮海路选购身份"标志服"。"哇,进去之后才吓死人了,一条没什么模样的裙子也要2000多元!我和妻子吓得赶紧跑了出来。"

尽管没在淮海路买孕妇装,但王先生总得"曲线救国"不是?换到妇婴保健院旁边的一些小马路上,王先生一下挑了好多孕妇装。"大概是受了前面的刺激,这里倒觉得便宜了好多。可买回家一看,裙子也都是好几百块一条的,真是想想都觉得憋气。老婆也觉得委屈,孕妇装怎么比那些女孩子的品牌时装还要贵呢,而且还只能穿这么一次。"王先生拎着一大包孕妇装,心里算算:三千多元就这样出去了。

怀有身孕,老婆就显得比较"金贵"。在怀孕到第五个月的时候,王先生每天都要求老婆打的出行。"那点钱我倒不在乎,万一撞

着摔着的,可不亏大了。"王太太的单位距离家里8公里,平常费用一般在25元左右,可遇上堵车就得30元上下了。"按这样计算,一个月又得1500元左右的'差头费',不舍得也不行啊。"

孩子还没出生,王先生却已觉得手头紧张不已。"就这老婆怀孕的七个月,我算了一笔账,已经花出去上万元了。据说生孩子还得几千块,还有生完孩子后的'坐月子'也得几千块。现在真觉得孕妇难'伺候',我现在基本上一个月的收入全部都贴进去给她保养了。真希望这个孩子能顺利平安地降生,我也算松一口气。"

理财点评:中国人说,三十而立。许多男人都在三十岁左右成为父亲,在即将增添一个新的家庭成员的时候,作为家庭顶梁柱的男人难免有忐忑和心慌。由于这一阶段的重心都放到怀孕的妻子和即将诞生的孩子身上去了,男人一般都能控制过强的消费欲望,积蓄一定的金钱。这一阶段的理财重点应采取短期性和灵活性较强的银行储蓄为主,附以保障型保险。

四、严格执行三年养子计划

人物:JOHN
年龄:36岁
职业:IT
月薪:10K
理财心得:开源节流——改掉以前大手大脚习惯,狡尽脑汁赚钱。

JOHN月入10000元,在大多数上海人心目中这也算是高收入了。可自从开始计划要个宝宝之后,JOHN说他的生活品质就开始一落千丈,据称每天都要承担巨大的精神压力。

JOHN此前和老婆结婚买了一处120平方米的房子,当时单价9000元,总价100多万元,首付30%总共30多万元,为尽快还款,

JOHN签了10年还款协议,现在落得每月要还8000多元,占了月薪的大半。"没办法了,不得不开动脑子,多赚点钱了,不然老婆得哭了,而我一大把年纪,连孩子也不敢要了,我还是希望自己在未来3年内能有一个孩子的。"

JOHN最近在研究股票炒作心经,他说,"经过研究,我发现在投资组合中,像股票这样风险比较高的产品,国际上有一个'资产分配法则'很适合我这样的人。它的意思是,80减去当前年龄就是投资较高风险产品的比例。我今年36岁,那投资高风险产品的比例应该在总投资的44%以下比较合适。所以,我准备把好不容易积攒下来的10万块钱资金投向暂时风险比较小的货币市场基金,等过阵股市好了我再转战股市。"

理财点评:目前百姓存钱的目的中,"为孩子攒教育费"一直高居榜首,而且远远高于养老、自身保障等其他目标。新浪理财正在进行的一项调查也显示,25%以上的家庭用在孩子身上的支出超过家庭总收入的50%,83.4%以上的家长感到抚养孩子的经济压力很大。

子女教育费用需求已经成为家庭理财的第一需求。但一般说来,在一对夫妻准备要孩子阶段,还是应该以稳健投资为主,不宜太冒进,因为孩子降生后,整个家庭的支出每月会增加至少1/3。

4."零储蓄族"的存钱必修课

一、"零储蓄族"现象透析

随着物质生活的丰富和人们消费观念的发展，与传统的消费方式和理财观念相反，在新一代的年轻人中出现了所谓的"零储蓄族"。"零储蓄族"与老一辈人相反，他们乐观，注重现时的快乐，时刻被自己的消费冲动激动着，工资、奖金、稿费、外快等财产，"月月光"，分文不剩，当然在银行的账户上也就是清洁溜溜，去趟银行也就是在月头为了将工资卡里的金额取出。只取不存，所以就成了"零储蓄"一族了。

二、"零储蓄族"的心态

"零储蓄族"生活在一个物质日趋丰富的时代，与他们父辈不同，他们的心里没有往昔岁月留下的烙印与惯性，中国不断成长的消费文化正好和他们的成长同步，所有产品的营销诉求几乎都是针对他们的趣味。在这样的环境中，他们不会埋怨"这世界为何变得越来越快"，而是在不断地接受中紧跟时代。

人们最容易在各种流行的消费场所看到他们的身影，比如说，一些价钱不贵的运动服装专卖店；各种独具情调的酒吧、电子游戏厅、运动场所，如SOHO俱乐部、酒吧；一些很"小众"的俱乐部以及许多只有他们才知道的地方。

如果说一定要对他们的消费行为有一个界定，或许可以概括出下面一些特征：

（1）他们不怎么积蓄。在一笔收入尚未进账的时候，他们就早已规划好了它的用途。当然，偶尔也会看到他们省吃俭用去存钱，但过不了多久，他们的手中又多了一件足以炫耀的东西。

（2）他们喜欢高档但也能迁就低档，因经济条件时常不允许他们面面俱到。但他们绝对讨厌中档，因为这样既不能满足消费的欲望，又要花费不多不少的钱。

（3）他们是精致文化的拥护者。他们对服装的区分远不止是休闲服和运动服这么简单。比如说看足球，他们一定会穿上自己拥护的球队的队服；如去酒吧，一定会适合那种鬼魅攒动的气氛；如去海边，一定会把自己装扮成阳光少年；他们总是迫不及待地拥有最新款的手机、电脑，而且对于这些工具有一种永不停步的追求……

在不了解"零储蓄族"之前，人们很容易将其与一掷千金纸醉金迷的荒唐行为联系起来。其实不然。他们通常没有很多钱，但他们有足够多的关于消费的知识。他们会把每一个铜板用在自以为最有品位最有质量的消费上。

三、成为"零储蓄族"的条件

想成为"零储蓄族"吗？先看看你是否符合以下条件：

有份到点拿薪的正常职业，不知绿色汇票何时来的soho族和打零工者，免谈吧。

有少量零星收入，不管是做家教、写稿、做业余设计，有零星收入可防"青黄不接"，遂可"零储蓄"下去。切忌把零点也列入正餐预算中，如果花了，那就要列入"超支一族"啦。

家人收入良好，特别是父母收入不错。

没有近期结婚的计划。

健康。经常到年底能拿到单位的"医疗节支奖"。

乐观主义者。神仙也不能保证零储蓄族不会被额外冒出来的开支绊倒,绊倒就绊倒吧,爬起来,看看自己还有没有心情笑。别苦笑,要有乐观主义的想象力,要相信未来,这才是有款有型挨下去的本钱。

如果做不到以上六点中的五点,还是去银行及证券公司开个户头吧。

四、"零储蓄族"怎么理财

你喜欢"努力挣,开心花",这并不是什么坏事,但人生充满着变数,经济的衰退连美国的大富豪们都讲究节俭,也许你也要改改了?理财之要,一是开源,二是节流,对"零储蓄族"来说开源似乎不成问题,需要在"节流"上下工夫。

不过对很多人来说,花钱是种愉悦的享受,存钱反倒是种痛苦的惩罚。如果将存钱视作一个游戏,可能你会乐于尝试?

每天从钱包里拿出5元或10元钱,放进一个信封。每月把信封里积攒的一定数目的钱存入你在银行的存款账户中,记住越厚越好呦。

我们建议你从积蓄收入的10%开始,慢慢增加到30%。

存钱当然是为了实现你的目标喽,你是想要一所储藏爱情的房子?还是要一辆让爱情驰骋的车?好吧,就把它贴在墙上或任何你会经常看到的地方,提醒自己,时常想起自己的目标。有了目标才能使你产生必要的思考过程:空的皮夹怎么办?所以这些画在纸上的目标会增加你存钱的动力。

制定一个资金花费记录和存钱记录。如果你有债务,首先是还清它们。接着核查信用卡的对账单,看看信用卡里支付了多少钱。

如果有可能，减少你每月从信用卡中支取的金额，也就是说，手紧一些。每到月末，记得一定要将省下的钱存入存款账户中。如果你想奖励自己，那么，再从零花钱中抽出100元存入账户吧。

无目的的购物很快就能使你的钱夹变空。保存你的固定开销和每天购物的记录，每星期详细记录自己消费中的失误，然后按照总结出的经验行事。对各种消费划分次序：把钱用在重要的地方，在不重要的方面削减开支。尤其不要被打折诱惑，它经常让你买回一堆不需要的东西。

如果你发现固定的开支（租金／抵押、公用事业、保险、运输）消耗了你几乎所有的收入，你需要考虑调整你的生活方式：搬到便宜一点的房子居住，打电话时尽量缩短谈话时间。如果你的固定开支已被控制住了，再来评价你的个人消费。你的娱乐资金有点儿奢侈吗？缩减一些吧。

5．男人理财的十大忠告

爱钱如命的男人能成为富翁吗？除非你的收足够高，否则如果不会理财，也难以成为富翁。有专家对个人理财提出十大忠告：

一、在建立个人资产的阶段，应当选择一个没有风险的简单的投资机构，最好是采取储蓄的方式。

二、购买住房是一种建立终生资产的行动，所以应当深思熟虑。在采取任何不动产的行动之前，都应当考虑自己的资金支付能力和支付方式等问题。

三、像建立身体健康表一样建立一个家庭资产情况一览表，这可以使你随时了解家庭情况的变化以及有关法规的变化。

四、使你的个人资产多样化。在组成你的个人资产的过程中要使固定资产、货币资产和金融资产这三者大体处于平衡状态。

五、使你的资产增值。一份资产应当根据其确定的目的来增值。投资期限上的错误会带来经济上的损失。比方说，如果你在投资或存款未到期时提前取出资金，那你肯定会有所损失。

六、使你的资产活动起来。如果你为你的资产选择的是中长期投资、那就很难考虑这一点，只有短期投资方式才能达到这种目的。

七、一般来说，你应当关心税制的执行和它的变化情况，这是管理好你的资产的一方面。

八、如果有必要改变你的积蓄方针，请不要犹豫。变化投资方向和投资安全可使你更好地应付各种形势。

九、不要忘了为你的退休做好准备。随着人的寿命的延长、就业危机等情况的出现,退休前你最好用其他一些投资方式来弥补社会保障措施的不足。

十、最后,也就是最重要的一条,就是要保护好你的家庭。在死亡保险、人寿保险、夫妻理财制度等方面应有所考虑。对于子女或其他遗产继承者,要考虑好遗产的分配和转让问题。这方面的问题如果应付得好,将有利于维护家庭和睦,并能享受很多的税收便利。

6. 投资的十大戒律

也许现在你开始明白,投资并不像在渔场里钓鱼那么简单。你必须清醒地认识到,在投资的时候,如果一笔生意听起来好得让人难以置信,那这笔生意的确不值得置信。如果你曾经是一名失败的投资者,那么现在值得欣慰的是,世界上还有很多人同你一样;值得注意的是:如果你不面对现实,重新调整你的投资计划,你将会再次陷入失败当中。

所以,我们给出了投资的10条戒律,它们将有助于你保持清醒的头脑,更多的作出正确的投资判断。

第一,投资不是多人游戏,而是一个人的游戏。你必须自己作出判断。想投资,那就自己好好的研究你将要进行的交易。

第二,不要期望过高。当然,期望你的投资每五分钟能翻一倍,作为梦想是无可厚非的。但你要清醒地认识到,这是一个非常不现实的梦想。记住:如果年平均回报率能达到10%,就非常幸运了。

第三,不要被虚张的股票所迷惑。记住,公司的股票同公司是有区别的,有时候股票只是一家公司不真实的影子而已。所以应该多向经纪人询问股票的安全性。

第四,不要低估风险。"风险"不仅仅是两个字而已,它值得每一个投资者足够的重视。所以,一个重要的原则就是,在购买股票之前,不要先问"我能赚多少",而要先问"我最多能亏多少"。这就是为什么大家都去购买思科的股票时,WarrenBuffett却购买

DairyQueen 的。这条小心翼翼的戒律在最近几年好像已经不流行了,但坚信这条戒律的投资者们至少还是保住了自己的钱。

第五,在不知道该买哪一支股票或者为什么要买这支股票的时候,坚决不要买。这一点尤其重要,先把事情搞懂再说。这印证了投资大师彼德·林奇的一句名言:一个公司如果你不能用一句话把它描述出来的话,它的股票就不要去买。

第六,资金才是硬道理。当你把目光投向一些现在正在衰败的公司的时候,这点尤其重要。

第七,不要轻信债务大于公司资金的公司。一些公司通过发行股票或借贷来支付股东红利,但是他们总有一天会陷入困境。

第八,不要把鸡蛋放在一个篮子里。除非你有亏不完的钱,否则就应该就听我一句话:不要把所有的投资都放在一家或两家公司上,也不要相信那种只关注一个行业的投资公司。虽然把宝押在一个地方可能会带来巨大的收入,但也会带来同样巨大的亏损。这次投资科技公司的投资者们最了解这一点。

第九,不要忘记,除了盈利以外,没有任何一个其他标准可以用来衡量一个公司的好坏。无论分析家和公司怎样吹嘘,记住这条规则,盈利就是盈利,这是唯一的标准。

第十,如果对一支股票产生了怀疑,不要再坚持,及早放弃吧。

成功男人的九大资本

7. 让你财富增值的七条真理

如果你花上几天时间跟踪一下市场，研究研究投资，再看看财经电视频道，你也许就会发现自己的身边充满了各种不确定性。股市是涨还是跌？哪只共同基金会成为闪亮之星？利率下一步将走向何处？然而，当你退后一步时，你又会惊奇地发现，实际上能够确定的东西也有很多。

当然，你永远也无法准确知道未来数日、数周的股市走势。但当谈到理财时，有许多真理是你无法辩驳的。

第一条：由俭入奢易，由奢入俭难

随着工资不断提高，你的生活水准可能也会水涨船高，外出吃饭的次数增加了，换了更好的车，甚至还会买更大的房子。这些都是情有可原的。总是压制自己的欲望也不利于充分享受生活。

不过，生活水准的不断提高也是要付出代价的。由于你的生活方式变得越来越费钱，要想退休就会变得没那么容易，因为你需要赚更多的钱来维持高水准的生活方式。当然，为了能够退休，你也可以削减各类开销。不过，一旦你习惯了某种生活标准，要想再降低下来就十分困难了。

第二条：欲壑难填

在削减开支和努力提高现有生活水准之间，多数人会选择后者。他们永远都想要更好的车、更大的房子、更高的薪水。而一旦得偿所愿，他们很快就又变得不满足。

学术界将之称为"享乐适应"（hedonicadaptation）或是"快乐水车"。当升职或是新房新车带给我们的兴奋逐渐消退时，我们又会开始去追求别的东西，如此周而复始。

第三条：靓车、高档时装并非财富象征

相反，这些东西表明一个人曾经很有钱，或者说选择了借钱消费。花了这些钱后，这些人变得更穷了。

第四条：投资者的三大敌人

它们是：通货膨胀、税和投资成本。实际上，如果将这三个因素都考虑进来，你会发现自己的投资组合根本就不赚钱。比如，你购买了一个投资债券的共同基金，收益率为5％％，如果基金的年费是1％％，你的收益率就会降到4％％；如果你适用的所得税率为25％％，那收益又要减少一些；要是通货膨胀率恰好又是3％％呢？可以这么说，至少税务机关和你的基金经理是赚钱的。

第五条：多元化大杂烩

进行广泛的分散投资，不仅能降低投资风险，还能保证你总能持

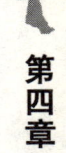

成功男人的九大资本

有一些市场上最热门的投资。

然而，如果你进行了分散投资，投资组合中不可避免地会有一些投资的表现达不到市场的平均水平。可别因此讨厌它们，今年表现不好的投资很有可能会在下一年成为你的大救星。

第六条：并非所有的高风险都有高回报

不论是股票基金还是个股，短期内都会出现大幅的下跌。但它们两者的相似之处也就仅限于此。如果你有一只投资极为分散的股票基金，如果它出现了下跌，你几乎可以肯定它总有一天会反弹回来，并在长期内给你带来可观的回报。

但如果你持有的一只个股大幅下跌，无论你等多长时间，都不敢肯定它哪天会出现反弹。

第七条：改变是要付出代价的

当你卖出一种投资，而买进另一种时，你的回报率不一定就会因此提高。但改变却一定会带来成本。当然，如果你在一个退休账户中买进和卖出免佣金的共同基金，那就另当别论了。而其他多数交易可能都会涉及佣金或是税金，甚至有可能两者都涉及。因此，在你下一次进行交易前，一定要仔细、认真地考虑考虑。

8. 决定你是富人还是穷人的 12 条标准

一、自我认知

穷人：很少想到如何去赚钱和如何才能赚到钱，认为自己一辈子就该这样，不相信会有什么改变。

富人：骨子里就深信自己生下来不是要做穷人，而是要做富人，他有强烈的赚钱意识，这也是他血液里的东西，他会想尽一切办法使自己致富。

二、休闲

穷人：在家看电视，为肥皂剧的剧情感动得痛哭流涕，还要仿照电视里的时尚来武装自己。

富人：在外跑市场，即使打高耳夫球也不忘带着项目合同。

三、交际圈子

穷人：喜欢走穷亲戚，穷人的圈子大多是穷人，也排斥与富人交往，久而久之，心态成了穷人的心态，思维成了穷人的思维，做出来的

成功男人的九大资本

是也就是穷人的模式。大家每天谈论着打折商品,交流着节约技巧,虽然有利于训练生存能力,但你的眼界也就渐渐囿于这样的琐事,而将雄心壮志消磨掉了。

富人:结交比自己有成就的人,不可否认,确实从中获益良多。

四、学习

穷人:学手艺
富人:学管理

五、时间

穷人:一个享受充裕时间的人不可能赚大钱,要想悠闲轻松就会失去更多赚钱的机会。穷人的时间是不值钱的,有时甚至多余,不知道怎么打发,怎么混起来不烦。如果你可以因为买一斤白菜多花了一分钱而气恼不已。却不为虚度一天而心痛,这就是典型的穷人思维。

富人:一个人无论以何种方式赚钱,也无论钱挣得是多还是少,都必须经过时间的积淀。富人的玩也是一种工作方式,是有目的的。富人的闲,闲在身体,修身养性,以利在战,脑袋一刻也没有闲着;穷人的闲,闲在思想,他手脚都在忙,忙着去麻将桌上多摸几把。

六、归属感

穷人:是颗螺丝钉。穷人以为出身卑微,却少安全感,就迫切地希望自己从属于并依赖于一个团体,于是他们以这个团体的标准为自己的标准,让自己的一切合乎规范,为团体的利益而工作、奔波,甚至迁徙。对于穷人来说，在一个著名的企业里稳定的工作几十年，由实习生一直干到高级主管，那简直是美得不能再美的理想。

富人：那些团体的领导者通常都是富人，他们总是一方面向穷人灌输：团结就是力量，如果你不从属于自己的团体，你就什么都不是，一名不文。但另一方面，他们却从来没有停止过招兵买马，培养新人，以便随时可以把你替换掉。

七、投资及对待财富

穷人：经济观点就是少用等于多赚，比如开一家面馆，收益率是100%，投入2万，一年就净赚2万，对于穷人来说很不错了。穷人即使有钱，也舍不得拿出来，即使终于下定决心投资，也不愿意冒风险，最终还是走不出那一步。穷人最津津乐道的就是鸡生蛋，蛋生鸡，一本万利……但是建筑在一只母鸡身上的希望毕竟是那样的脆弱。

富人：富人的出发点是万本万利。同样的开面馆，富人们会想，一家面馆承载的资本只有2万，如果有一亿资金，岂不是要开5000家面馆？要一个一个管理好，大老板得操多少心，累白多少根头发呀？还不如投资宾馆。一个宾馆就足以消化全部的资本，哪怕收益率只有20%，一年下来也有2000万利润啊。

八、激情（能不能干成事，首先要看有没有激情）

穷人：没有激情。他总是按部就班，很难出大错，也绝对不会做到最好。没有激情就无法兴奋，就不可能全心全意投入工作。大部分的穷人不能说没有激情，看他的激情总是消耗在太具体的事情上：上司表扬了，他会激动；商店打折，他会激动；电视里破镜重圆了，他的眼泪一串一串往下流，穷人有的只是一种情绪。

成功男人的九大资本

富人:"燕雀安知鸿鹄之志?王侯将相,宁有种乎"?有这样的激情,穷人终将不是穷人!激情是一种天性,是生命力的象征,有了激情才有了灵感的火花,才有了鲜明的个性,才有了人际关系中的强烈感染力,也才有了解决问题的魄力和方法。

九、自信

穷人:穷人的自信要通过武装到牙齿,要通过一身高级名牌的穿戴和豪华的配置才能给他们带来更多的自信,穷人的自信往往不是发自内心和自然天成的。

富人:李嘉诚在谈到他的经营秘诀时说:"其实也没什么特别的,光景好时,决不过分乐观;光景不好时,也不过度悲观"。其实就是一种富人特有的自信。自信才能不被外力所左右,自信才可能有正确的决定。

十、习惯

穷人:有个故事,一个富人送给穷人一头牛。穷人满怀希望开始奋斗。可牛要吃草,人要吃饭,日子难过。穷人于是把牛卖了,买了几只羊,吃了一只,剩下来的用来生小羊。可小羊迟迟没有生出来,日子更艰难了。穷人把羊卖了,买成了鸡,想让鸡生蛋赚钱为生,但是日子并没有改变,最后穷人把鸡也杀了,穷人的理想彻底崩溃了,这就是穷人的习惯。

富人:根据一个投资专家说,富人成功的秘诀就是:没钱时,不管多困难,也不要动用投资和储蓄,压力会使你找到赚钱的新方法,帮你还清账单。这是个好习惯。性格决定了习惯,习惯决定了成功。

十一、上网

穷人：去163/sohu/上网聊天,穷人聊天,一是穷人时间多,二是穷人的嘴天生就不能闲着；富人讲究宠辱不惊,温柔敦厚,那叫涵养,有涵养才能树大根深。穷人就顾不了那么多,成天受着别人的白眼,浑身沾满了鸡毛蒜皮,多少窝囊气啊,说说都不行？聊天有理！

富人：去****.com上网找投资机会。富人上网,更多的是利用网络的低成本高效率,寻找更多的投资机会和项目,把便利运用到自己的生意中来。

十二、消费花钱

穷人：买名牌是为了体验满足感,最喜欢试验刚出来的流行时尚产品,相信贵的必然是好的。

富人：买名牌是为了节省挑选细节的时间,与消费品的售价相比,他更在乎产品的质量,比如会买15元的纯棉T恤,也不会买昂贵的莱卡制品。

9. 有钱的男人不能变坏

世上流行一句"男人有钱就变坏，女人变坏是为了钱"，果真如此？

的确，世上有的男人有权、有钱了就变坏了，如成克杰之流，有权、有钱了就养情妇，那就是大贪弄钱坏女人用钱。有的男人有钱了就抛弃结发、糟糠之妻，做当代陈世美，于是有人叹曰："男人有钱就变坏"。

男人有钱不一定就变坏，关键就是看钱是从哪里得来，用在何处。如果钱是靠自己努力拼搏、靠自己辛勤劳动正当得来，用在正当途径，如回报社会、照章纳税、投资企业规模、解决更多的下岗人员实现再就业、扶危济贫；如建设自己的小家庭，使自己及妻儿老小有一个幸福、舒适、温暖的家，这样有钱的男人就没变坏。

是男人，只要他生理、心理正常，就都有一个弱点，那就是好色。

好色乃男人的天性，本质上讲，花心是男人的特质，而征服感是男人自信的来源。从某些方面说，财力是男人能力的一种体现，男人没钱，自信心就会丧失半分，正是这种自信心的丧失，反而会激发其潜在的另一种行为，既是对异性的追求，以此来证明自己的魅力，从而找回男人最原始的自信。财和色自古以来就是男人永恒的追求，一个男人如果没有钱，但若是可以得到女人的垂青，至少在虚荣心上是个极大的满足。

正常情况下，男人通常比女人好色，男人往往以拥有多个女人的爱而感到自豪，女人却是把一个男人一生的钟爱当成荣耀。男人好色本无错，但若是太好这口就是毛病了，如此特别的兴趣，就算是他没有很多钱，也照样出轨不误，脚踏两船，拈花惹草，并且乐此不疲。前不久就曾有报道揭露，月收入千把块的民工也在"包二奶"，难道这真是钱的问题！

男人变坏了，女人往往把这个错误全盘的怪罪在男人身上，或者是与之相关的那个女人头上，其实有时候，男人的情变是被女人逼的。有些女人天真地以为掏空了男人的口袋，掌握了财权就控制了男人的感情，这种想法实在是太幼稚了。当然没钱的男人与有钱的男人相比，肯定会少了许多机会，但，钱和爱情有多大关系？物质到底是爱情的什么？花钱找来的女人，男人自己心里最清楚，那不是爱，是交易，偶尔为之，对于感情和婚姻也许无伤大碍。可是，当女人妄想通过管钱而控制他的行为时，恋人之间最起码的理解与信任就没有了，这样，男人心里会觉得舒畅吗！郁闷之后的逆反心理或许真的就让柳下惠变成了柳下会。

温饱之下，精神还是要比金钱更加重要一点的，所以，总会有女人不是因为钱而和男人在一起，甚至倒贴也愿意。如今社会的男女关系有着多样的表现形式，除了夫妻，还有情人，朋友，以及柏拉图式的红颜与蓝颜，这么多的种类可供男人选择，仅仅控制他的钱是远远不够的。与其这样，女人倒不如多花些时间和精力让自己的生活多一些乐趣和色彩，即使有一天他变坏了，决然离去的时候，你就不会感觉失去的是整个世界。

第五章　男人的职业资本
——安身立命的根本途径

　　职业是我们安身立命的根本。可是很多人对待工作缺少激情，周一的时候等周五的到来，上班的时候等下班的到来，或者整日算计自己付出多回报少而心里愤愤不平。这是一个职业危机时代，每个人都必须小心翼翼地对待自己的工作，没有人不可替代，只有认真对待工作，才能在职场上取得成就。职场的成功，不在于你过去取得了多么令人羡慕的成就，而在于你是否能够获得职业生涯的可持续发展。

成功男人的九大资本

1. 清晰你的职业规划

第一步：确定职业目标——价值观和人生定位

自我的人生价值和角色定位、人生主要目标的设定等，简单地说就是：你准备做一个什么样的人，你的人生准备达成哪些目标。这些看似与具体压力无关的东西其实对我们的影响却总是十分巨大，对很多压力的反思最后往往都要归结到这个方面。

卡耐基说："我非常相信，这是获得心理平静的最大秘密之一——要有正确的价值观念。而我也相信，只要我们能定出一种个人的标准来——就是和我们的生活比起来，什么样的事情才值得的标准，我们的忧虑有50%可以立刻消除。"

第二步：心态调整——以积极乐观的心态拥抱压力

法国作家雨果曾说过："思想可以使天堂变成地狱，也可以使地狱变成天堂。"

我们要认识到危机即是转机，遇到困难，产生压力，一方面可能是自己的能力不足，因此整个问题处理过程，就成为增强自己能力、发展成长重要的机会；另外也可能是环境或他人的因素，则可以理性沟通解决，如果无法解决，也可宽恕一切，尽量以正向乐观的态度去面对每一件事。

如同有人研究所谓乐观系数，也就是说一个人常保持正向乐观的心，处理问题时，他就会比一般人多出20%的机会得到满意的结果。因此正向乐观的态度不仅会平息由压力而带来的紊乱情绪，也较能使问题导向正面的结果。

第三步：理性反思——自我反省和压力日记

对于一个积极进取的人而言，面对压力时可以自问，"如果没做成又如何？"这样的想法并非找借口，而是一种有效疏解压力的方式。但如果本身个性较容易趋向于逃避，则应该要求自己以较积极的态度面对压力，告诉自己，适度的压力能够帮助自我成长。同时，记压力日记也是一种简单有效的理性反思方法。它可以帮助你确定是什么刺激引起了压力，通过检查你的日记，你可以发现你是怎么应对压力的。

第四步：建立平衡——留出休整的空间，不要把工作上的压力带回家

我们要主动管理自己的情绪，注重业余生活，不要把工作上的压力带回家。留出休整的空间：与他人共享时光、交谈、倾诉、阅读、冥想、听音乐、处理家务、参与体力劳动都是获得内心安宁的绝好方式，选择适宜的运动，锻炼忍耐力、灵敏度或体力……持之以恒地交替应用你喜爱的方式并建立理性的习惯，逐渐体会它对你身心的裨益。

成功男人的九大资本

第五步:时间管理——不要让你的安排左右你,你要自己安排你的事

工作压力的产生往往与时间的紧张感相生相伴,总是觉得很多事情十分紧迫,时间不够用。解决这种紧迫感的有效方法是时间管理,关键是不要让你的安排左右你,你要自己安排你的事。在进行时间安排时,应权衡各种事情的优先顺序,要学会"弹钢琴"。对工作要有前瞻能力,把重要但不一定紧急的事放到首位,防患于未然,如果总是在忙于救火,那将使我们的工作永远处于被动之中。

第六步:加强沟通——不要试图一个人就把所有压力承担下来

平时要积极改善人际关系,特别是要加强与上级、同事及下属的沟通,要随时切记,压力过大时要寻求主管的协助,不要试图一个人就把所有压力承担下来。同时在压力到来时,还可采取主动寻求心理援助,如与家人朋友倾诉交流、进行心理咨询等方式来积极应对。

第七步,提升能力——疏解压力最直接有效的方法是设法提升自身的能力

既然压力的来源是自身对事物的不熟悉、不确定感,或是对于目标的达成感到力不从心所致,那么,疏解压力最直接有效的方法,便是去了解、掌握状况,并且设法提升自身的能力。通过自学、参加培训等途径,一旦"会了"、"熟了"、"清楚了",压力自然就会减低、消除，可见压力并不是一件可怕的事。逃避之所以不能疏解压力，则是因为本身的能力并未提升，使得既有的压力依旧存在，强度也未减弱。

第八步，活在今天——集中你所有的智慧、热忱，把今天的工作做得尽善尽美

压力，其实都有一个相同的特质，就是突出表现在对明天和将来的焦虑和担心。而要应对压力，我们首要做的事情不是去观望遥远的将来，而是去做手边的清晰之事，因为为明日做好准备的最佳办法就是集中你所有的智慧、热忱，把今天的工作做得尽善尽美。

第九步，生理调节——保持健康，学会放松

另外一个管理压力的方法集中在控制一些生理变化，如：逐步肌肉放松、深呼吸、加强锻炼、充足完整的睡眠、保持健康和营养。通过保持你的健康，可以增加精力和耐力，帮助你与压力引起的疲劳斗争。

第十步，日常减压

以下是帮助你在日常生活中减轻压力的10种具体方法，简单方便，经常运用可以起到很好的效果：

（1）早睡早起。在家人醒来前一小时起床，做好一天的准备工作。

（2）同家人和同事共同分享工作的快乐。

（3）一天中要多休息，从而使头脑清醒，呼吸通畅。

（4）利用空闲时间锻炼身体。
（5）不要急切地、过多地表现自己。
（6）提醒自己任何事不可能都是尽善尽美的。
（7）学会说"不"。
（8）生活中的顾虑不要太多。
（9）听音乐放松自己。
（10）培养豁达的心胸。

2.12 种动物精神求职

正确的工作观,有如人生路上的明灯,不但会为你指引正确的方向,也会为个人的职场生涯创造丰富的资源。以下以12种动物的精神作比喻,在它们的身上可以看到不同的工作观。

一、尽职的牧羊犬

新新人类最为人诟病的就是缺乏责任感,作为一个新人,学习建立负责任的观念,会让主管、同事觉得孺子可教。抱着多做一点多学一点的心态,你很快就会进入状态。

二、团结合作的蜜蜂

新人进到公司,往往不知如何利用团队的力量完成工作。现在的企业很讲究TeamWork,这不但包括团队合作、寻求资源,也包含主动帮助别人,以团体为荣。

三、坚忍执著的鲑鱼

新人由于对自己的人生还不确定,常常三心二意的不知自己将来要做什么。设定目标是首先要做的功课,然后就是坚忍执著地前

成功男人的九大资本

行。途中当然应该停下来检视一下成果,但变来变去的人,多半是会一事无成的。

四、目标远大的鸿雁

太多年轻人因为贪图一时的轻松,而放弃未来可能创造前景的挑战。要时时鼓励自己将目标放远。

五、目光锐利的老鹰

新人首先要学会分辨是非,懂得细心观察时势。一味接受指示,不分对错,将会事倍功半,得不到赞赏和鼓励。

六、脚踏实地的大象

大象走得很慢,却是一步一个脚印,累积雄厚的实力。新人切忌说得天花乱坠,却无法一一落实。脚踏实地的人会让别人有安全感,也愿意将更多的责任赋予你。

七、忍辱负重的骆驼

工作压力、人际关系,往往是新人无法承受之重。人生的路很漫长,学习骆驼负重的精神,才能安全地抵达终点。

八、严格守时的公鸡

很多人没有时间观念,上班迟到、无法如期交件等等,都是没有时间观念导致的后果。时间就是成本，新人时期养成时间成本的观念，有助于日后晋升时提升工作效率。

九、感恩图报的山羊

你可以像海绵一样吸取别人的经验，但是职场不是补习班，没有人有义务教导你如何完成工作。学习山羊反哺的精神，有感恩图报的心，工作会更愉快。

十、勇敢挑战的狮子

对于大案子、新案子勇于承接，对于新人是最好的磨炼。若有机会应该勇敢挑战不可能的任务，借此累积别人得不到的经验，下一个升职的可能就是你。

十一、机智应变的猴子

工作中的流程有些往往是一成不变的，新人的优势在于不了解既有的做法，而能创造出新的创意与点子。一味地接受工作的交付，只能学到工作方法的皮毛，能思考应变的人，才会学到方法的精髓。

十二、善解人意的海豚

常常问自己：我是主管该怎么办？有助于吸收处理事情的方法。在工作上善解人意，会减轻主管、共事者的负担，也让你更具人缘。

3. 打入公司主流群体的7种策略

要在职业场取得成功对任何人来说都不是容易的，因为这是一个残酷的世界，充满了竞争。难怪就有那么多关于职业发展的书籍和文章，还有那么多专家建议你如何在职业场上为人处世。

但这些书籍和演讲文章总是遗漏了一个令人困惑的职业之谜：如何克服一个特殊的障碍，来达至成功的彼岸。这个障碍通常是个很大的问题，是因为你作为局外人而引起的，使和你职业场上的主流群体完全"不同"。这些不同可以表现在多方面，比如种族、性别、宗教、民族、残疾、性取向、年龄或者语言。

尽管在很多企业内确实有"玻璃天花板"存在，有的甚至还是钢化玻璃做的，但你依然有可能获得成功。推荐以下七种策略和技巧，可有助于实现你的目标。

一、首先反思你自己

不要因为以前你的或别人的不愉快经历而假设每个人都存有敌意。根据面临的新情况而作出具体判断。

菲斯.霍奇伯格(FaithHochberg)法官是新泽西州第一位地方法院女法官。当问及她在取得现有成就的职业生涯中有否遭到敌意。"不，我没有。"她说。"事实上，我总是从相反方面去设想，直到敌意在我自己的脸上消失为止。只是在事后我才会意识到某种敌意……

我从不纠缠于琐碎的细节。"

二、广交豪杰

结交朋友,建立社交圈,寻求前辈的指导,对每个人来说都是基本的职业技巧,但是如果你是一个"局外人",这些就尤为重要,遗憾的是做起来很难。

最后,成功的局外人都认为,你必须让主流文化的人们能和你自然相处。你必须放下你自己的架子,充满自信地参与社交活动,接受对你表示友好的人们的提议。

三、强调积极正面的东西

你必须拥有能成功的技巧和知识,那就是你被雇用的原因。但是如果你不是企业主流群体中的一个成员,你就得有些额外的素质。试试下述方法:

了解你所在领域内的最新潮流,想办法应用在你目前的工作或你希望做的工作上。敢于冒险,勇于决策。抓住一切机会,调动或者被指派到和公司目标直接相关的第一线工作上,强化你的书面和口头表达能力。认识到你的文化背景所具有的力量。

四、善于表现自己

让公司知道你可以做些什么。即使你是一个成就非凡的人,你也不要指望被别人发现或者认识。为了取得进展,你得让人们知道你是谁,你做了些什么。

沉默寡言、严格信奉权威、不愿听取建议、害怕"出人头地",

与主流群体的人们无法和谐相处,如果你想使自己更引人注目的话,所有这些可能就是你必须克服的文化障碍。

五、善于接受,不要牺牲

让你的文化和公司文化相适应。要从局外人变成局内人,并且真实地对待你自己,你必须懂得"接受"和"牺牲"之间的区别。你得做到:

认识哪些文化特征是你不能放弃的,哪些是你愿意调适到符合公司文化的。不要把为公司文化而作出的每一种改变或调节视作放弃或让步,而要看成是适应新环境的一种方式。不要让你所在群体的其他人为你下结论,该在哪里画一条线,你得自己作出决定。

如果公司歧视你的文化,如果公司的价值观直接和你的文化发生了冲突,如果你现有的职位不足以充分展现你的才能,那么如果你留下来的话,你可能就在作出牺牲了。

六、知道你自己的权利

如果你认为你遭到不公平的对待,你该怎么办?你可以尝试自己解决问题。或者你可以依照公司制定的程式,或者找来同盟者帮忙。人力资源部、人事部和多元化及平等就业机会部的员工应该会站在你的立场上,为你说话。如果遇到非法歧视,你可以考虑采取法律行动。法律会保护你的权益,对有关种族、性别、民族、年龄、怀孕或者残障等方面的不公平待遇,给你作出赔偿。在你采取法律手段之前,务必仔细斟酌你将在精神上、事业上和经济上付出的代价。

另一种选择是辞职。另谋它就,找一个在企业文化方面更适合你的工作。如果辞职比留下来付出的代价更大,那就该调整心态,继续干下去。

七、要有远见，并为此作出计划

有些人认为该来的都会到来，他们的才华能确保自己的成功。你还得做得更多。如果你想有所作为，除了你目前的技能，还得为了自己的利益多积极行动。

为了推动你的计划，你得把你将来10年要实现的目标写下来。然后重要的工作开始了，那就是行动起来，实施计划，把目标变成现实。

成功男人的九大资本

4. 事业成功的15种能力

所谓能力,除了天赋以外,剩下的往往是一种习惯,如亚里士多德所说,"优秀是一种习惯"。能力的高低是事业工作顺利成功的最基本保证,你的未来能走多远,也大抵取决于此,畅销书作家拿破仑·希尔说:"能力已成为一种不折不扣的资源,是资本,是财富,更是无价之宝。"在事业工作之外,它们同样十分重要。

大多人不会认为自己的能力有问题。但是,困扰人们的问题是:在相关条件差别不大的情况下,为什么有的人能成功,而有的人却不能?

凡是成功人士的身上都有独特的个人能力和人格魅力,这是旁人所缺乏的。他们的成功决不能简单地归结为机遇好,这些能力可概括为以下几种:

一、解决问题时的逆向思维能力

面对工作中遇到的新问题,一时又找不到解决方法。而且,上司可能也没有什么锦囊妙计时,他们擅长用逆向思维办法去探索解决问题的途径。他们清楚具体业务执行者比上司更容易找出问题的节点,是人为的,还是客观的;是技术问题,还是管理漏洞。采用逆向思维找寻问题的解决方法,会更容易从问题中解脱出来。

二、考虑问题时的换位思考能力

在考虑解决问题的方案时，常人通常站在自己职责范围立场上尽快妥善处理。而他们却总会自觉地站在公司或老板的立场去考虑解决问题的方案。

作为公司或老板，解决问题的出发点首先考虑的是如何避免类似问题的重复出现，而不是头疼医头，脚疼医脚的就事论事方案。面对人的惰性和部门之间的扯皮，只有站在公司的角度去考虑解决方案，才是一个比较彻底的解决方案。能始终站在公司或老板的立场上去酝酿解决问题的方案，逐渐地他们便成为可以信赖的人。

三、强于他人的总结能力

他们具备的对问题的分析、归纳、总结能力比常人强。总能找出规律性的东西，并驾驭事物，从而达到事半功倍的效果。人们常说苦干不如巧干。但是如何巧干，不是人人都知道的。否则就不会干同样的事情，常人一天忙到晚都来不及；而他们，却整天很潇洒。

四、简洁的文书编写能力

老板通常都没时间阅读冗长的文书。因此，学会编写简洁的文字报告和编制赏心悦目的表格就显得尤为重要。即便是再复杂的问题，他们也能将其浓缩阐述在一页 A4 纸上。有必要详细说明的问题，再用附件形式附在报告或表格后面。让老板仅仅浏览一页纸或一张表格便可知道事情的概况。如其对此事感兴趣或认为重要，可以通过阅读附件里的资料来了解详情。

五、信息资料收集能力

他们很在意收集各类信息资料，包括各种政策、报告、计划、方案、统计报表、业务流程、管理制度、考核方法等。尤其重视竞争对手的信息。因为任何成熟的业务流程本身就是很多经验和教训的积累，遇到用时，就可以信手拈来。这在任何教科书上是无法找到的，也不是哪个老师能够传授的。

六、解决问题的方案制订能力

遇到问题，他们不会让领导做"问答题"而是做"选择题"。常人遇到问题，首先是向领导汇报、请示解决办法。带着耳朵听领导告知具体操作步骤。这就叫让领导做"问答题"。而他们常带着自己拟定好的多个解决问题方案供领导选择、定夺，这就是常说的给领导出"选择题"。领导显然更喜欢做的是"选择题"。

七、目标调整能力

当个人目标在一个组织里无法实现，且又暂时不能摆脱这一环境时，他们往往会调整短期目标，并且将该目标与公司的发展目标有机地结合起来。这样，大家的观点就容易接近，或取得一致，就会有共同语言，就会干的欢快。反过来，别人也就会乐于接受他们。

八、超强的自我安慰能力

遇到失败、挫折和打击，他们常能自我安慰和解脱。还会迅速总结经验教训，而且坚信情况会发生变化。他们信条是：塞翁失马，安知非福，或上帝在为你关上一扇门的同时，一定会为你打开一扇窗。

九、书面沟通能力

当发现与老板面对面的沟通效果不佳时，他们会采用迂回的办法，如电子邮件，或书面信函、报告的形式尝试沟通一番。因为，书面沟通有时可以达到面对面语言沟通所无法达到的效果。可以较为全面地阐述想要表达的观点、建议和方法。达到让老板听你把话讲完，而不是打断你的讲话，或被其台上的电话打断你的思路。也可方便地让老板选择一个其认为空闲的时候来"聆听"你的"唠叨"。

十、企业文化的适应能力

他们对新组织的企业文化都会有很强的适应能力。换个新企业犹如换个办公地点，照样能如鱼得水般地干得欢畅并被委以重用。

十一、岗位变化的承受能力

竞争的加剧，经营风险的加大，企业的成败可在一朝一夕之间发生。对他们来讲，岗位的变化，甚至于饭碗的丢失都无所畏惧。因此，他们承受岗位变化的能力也是常人所无法比拟的。在他们看来，这不仅是个人发展的问题，更是一种生存能力的问题。

十二、客观对待忠诚

从他们身上你会发现对组织的忠诚。他们清楚地意识到忠诚并不仅仅有益于组织和老板，最大的受益者是自己。因为，责任感和对组织的忠诚习惯一旦养成，会使他们成为一个值得信赖的人，可以被委以重任的人。他们更清楚投资忠诚得到的回报率其实是很高的。

十三、积极寻求培训和实践的机会

他们很看重培训的机会，往往在招聘时就会询问公司是否有提供培训的机会。善于抓住任何培训机会。

一个企业，如果它的薪酬福利暂时没有达到满意的程度，但却有许多培训和实践的机会，他们也会一试。毕竟，有些经验不是用钱所能买回来的。

十四、勇于接受分外之事

任何一次锻炼的机会他们都不轻言放弃，而把它看成是难得的锻炼机会。并意识到今天的分外，或许就是明天的分内之事。常看见他们勇于接受别人不愿接受的分外之事，并努力寻求一个圆满的结果。

十五、职业精神

他们身上有一种高效、敬业和忠诚的职业精神。主要表现为：思维方式现代化，拥有先进的管理理念并能将其运用于经营实践中。

言行举止无私心，在公司的业务活动中从不掺杂个人私心。这样，就敢于直言不讳，敢于纠正其他员工的错误行为，敢于吹毛求疵般地挑剔供应商的质量缺陷。因为，只有无私才能无畏。待人接物规范化，这也是行为职业化的一种要求。有了这种职业精神的人，到任何组织都是受欢迎的，而且，迟早会取得成功。

当然，有了上述能力，不能保证一定成功，但是，如果没有这些能力，那肯定是无法获得成功的。

第五章 男人的职业资本——安身立命的根本途径

成功男人的九大资本

5. 不利于职场成功的15种性格

一、知足

只要有吃有穿，腹饱体暖，就感到满足。这种人对生活没有一点欲求，怎么会创造富有与成功呢？

二、自满

自己的总是最好的，甚至认为自己应该成为别人效仿的标准。这种人不屑于与外界来往，他们根本不知道社会进步到什么程度，怎么可能有更高的追求呢？

三、保守

这种人的生活全凭过去的经验，没人走过的路他不敢走，没人做过的事他不敢做。

这种人也许早已经看到自己的现状不如别人，甚至差得很远。但他们不是去创造财富以迎头赶上，而总是想到马失前蹄。因此，新的东西没有得到，旧的东西反而丢失了。这种人永远不敢向新生活迈进一步半步，不贫困才怪呢！

四、怯懦

保守性格的人具有怯懦的因素,但这里所指的怯懦是另一种人。这种人主要的特点不是恋旧,而是胆小,总是怕这怕那。哪一种成功不冒风险呢?所以,这种人总是眼睁睁地看着别人发财,而自己急得在家里团团转,着急了就骂娘。

五、懒惰

一是身体懒惰,二是大脑懒惰。身体懒惰的人光想不干,大脑懒惰的人光干不想。身体懒惰的人每次想的都是不同的问题,说不准常常还会想出些新鲜的思想和念头,但什么都不干;大脑懒惰的人一辈子干的都是同样的工作,但从来不考虑去改变什么。这两种懒惰一般很少出现在一个人身上,因为身体和大脑同时懒惰,结局只有死亡。

六、孤僻

赚钱就是把别人的钱变成自己的钱。不与人打交道的人,怎么可能赚到钱呢?

七、自以为是

自以为是的人,一般都处理不好与周围人的关系。与人处不好关系,就不能形成长久的合作。与人合作不好,怎么能成大事?

八、狭隘

一是心胸狭隘,二是视野狭隘,三是知识结构狭隘。狭隘的人一般都有严重的自恋情绪,这种性格的人,也是很难与人和社会相处的,并且最容易伤害人。这种人是天生的失败者,没有外援,只好又贫且困。

九、自私

不想奉献,只想占便宜,这种人最终不会获得成功和财富,而只能拥有自己——形影相吊,顾影自怜。

十、骄傲

有一点成绩就忘乎所以,这种人也许会成功,但很快又会全部丧失他获得的一切。这种人最容易犯错误,每个错误都是他失败的积累。这种人的心理最脆弱,既经不起成功的喜悦,又经不起失败的打击。所以,这种人的结局一般是与可怜和自卑相伴,消极混世。

十一、狂妄

这种人在哪儿都不受欢迎,尽管他的口气很大,能力也许很强,但是一定会招来周围的人群起而攻之,以致丢盔卸甲,兵败乌江。最终一无所有,成为可笑的唐·吉珂德,精神失常,一边吹牛,一边扮演着生活乞丐的悲惨角色。

十二、消极

消极的人往往给人一种不慕名利的虚假印象,但其实在他的外表之下,是极度消极的心态。什么都不想,什么也不去做。即使有再强的能力,终生也将一事无成。更可怕的是他却自认为很聪明,什么都知道,什么也都能看透,因而看不起别人。他最容易老,他的晚景最凄凉,因为他有能力敏锐地感受贫困和失败。

十三、轻信

容易轻信的人,往往能给人一种有品格有修养的错觉,其实轻信是他的人性弱点。比如轻信朋友,轻信下属,轻信合作对象,包括轻信自己的智慧,或轻信知识,或轻信实力,或轻信权力,或轻信判断,或轻信机遇,或轻信学历,或轻信经验,甚至有人轻信神灵……要知道,做生意赚钱是一种个人目的非常明确的事,也是一种以利益为根本的事,同时又是冒风险的事。所以,轻信的性格最容易把利益拱手让给他人,或把成功交给失误。

十四、多疑

轻信的另一面是过分的多疑,这是商家之大忌。多疑的最大特点是把能够帮助自己的力量冷落在一边,从而形成孤军奋战的艰苦局面,以致使成功离自己越来越遥远。

成功男人的九大资本

十五、冲动

冲动的人往往多情。一冲动起来就随便许诺，信口开河。但许诺不能兑现，会极大地损害自己的信誉；而一旦轻率地泄露了自己的经营秘密，别人就会乘虚而入。冲动还有一个缺点是轻易作决策，或突然决定干什么，或突然决定撤销什么计划。这种轻率的行为本身，很可能就是失败——根本不需要等到结局发生。

不论你是否具有以上所有缺点，但了解总不是坏事，因为回避恶习是每个人的责任。

6. 获得上司赏识的诀窍

一般来说，任何一个上司比较看重两样东西：一是他的上司是否信任他；二是他的下属是否尊重他。作为上司来说，判断其下属是否尊重他的一个很重要的因素，就是下属是否经常向他请示汇报工作。

心胸宽广的上司对于下属懒于或因忽视而很少向其汇报工作也许不太计较，会好心的认为也许是工作太忙，没有时间汇报，也许是本身就是他们职责内的事，没必要汇报，或者是我这段时间心情不好，表现在言谈举止上，他们怕来汇报，等等。

但对于心胸狭窄的上司来说，如果出现这种情况，他就会做出各种猜测：是不是这些下属看不起我啦？是不是这些下属不买我的账啊？甚或是不是这些下属联合起来架空我啦？一旦这种猜测成了他的某种认定，他就会利用手中的权力来"捍卫"自己的"尊严"，从而做出令下属不利的举动来。

在工作中，上司和下属往往容易形成一种矛盾，一方面下属都愿意在不受干扰的情况下独立做事，另一方面上司对下属的工作总存有不放心的状态。那么，谁是矛盾的主体呢？这就要看在下属和上司之间谁对谁的依赖性更大。一般来说，在下属和上司的关系中，上司总处在主导的地位。原因很简单，他能够决定和改变下属的工作内容、工作范围，甚至工作职责。一句话，在很大的程度上，下属的命运是由上司掌握的。

在这种情况下，要解决上述矛盾，通常的情况是下属应适应上司

成功男人的九大资本

的愿望，凡事多汇报，这对那些资深且能力很强的下属来说，就要解决一个心理障碍问题，即：不管你怎样资深，怎样能力强，你只要是下属你就只能在上司的支持和允许下工作，如果没有这种支持和允许，你将无法工作，更莫说创出业绩了。所以说，下属们应该学会勤于向上司汇报工作，尤其是：

（1）完成工作时，立即向上司汇报。

（2）工作进行到一定程度，必向上司汇报。

（3）预料工作会拖延时，要及时向上司汇报。

只有这样，才能最大限度地得到上司的信任与倚重，从而打开事业之门。

汇报工作是非常有技巧的。一次好的工作汇报，能让上司肯定你的成绩，对你另眼相看；相反，上司则会无情地否定你的工作与成果，甚至于你的能力。可见，一个下属学会如何汇报自己的工作是一个很严肃而且很重要的环节。我们怎样才能更好地汇报自己的工作呢？

主要要注意以下几个方面：调整心理状态，创造融洽气氛，向上司汇报工作要先缓和以及营造有利于汇报的氛围。汇报之前，可先就一些轻松的话题作简单的交谈。

这不但是必要的礼节，而且汇报者可借此机稳定情绪，理清汇报的大致脉络，打好腹稿。这些看似寻常，却很有用处。

以线带面，从抽象到具体汇报工作要讲究一定的逻辑层次，不可"眉毛胡子一把抓"，讲到哪儿算到哪儿。一般来说，汇报要抓住一条线，即本单位工作的整体思路和中心工作；展开一个面，即分头叙述相关工作的作法措施、关键环节、遇到的问题、处置结果、收到的成效等内容。这种正所谓"若网在纲"，有条而不紊。

7. 职场晋升须知

近年来，随着外企在中国业务的拓展，"人才本地化"成为外企发展的当务之急，越来越多的中方雇员进入了外企管理层。外企选择雇员主要从学历、实力等方面加以考虑。对于升职的要求更高、更挑剔。什么样的人才在外企会得到晋升的机会呢？

外企不断对本土人才委以重任，与他们对中国本土人才发展的肯定和认同有关。一家猎头公司的负责人说，现在他们向外企推荐的本土高层管理人才中，大部分有着高学历，有留学和出国培训经历的占了90%，美籍华人也有不少。

一、应该具备的要素

1．有出色的特长

做外企人，你要有Value（价值），人力资源部门招聘你，就是因为你有Value，他们会依你所长，把你安排在合适的职位，在这个职位上，你应该能完全胜任工作，本职工作都胜任不了的人，他是没有什么前途的，等待他的只有被自然淘汰。

2．有强烈的责任心

在办公室工作的员工不是以时间衡量其工作，而是以其负责度和其他完成量来衡量。完成本职工作是员工的责任，当员工工作在8小时内未完成时，加班更是分内的事儿。你要热爱自己的工作、自

成功男人的九大资本

己的职业,也只有这样,公司才会给予你相应的报答。在外企,主动要求给予提升是受鼓励的,因为外企认为,你要求担当一定职务,就意味着你愿意承担更大的责任,体现了你有信心和有向上追求的勇气。

3．有学习能力

外企认为,一个优秀的员工会利用一切机会学习、吸收新的思想和方法,从错误中吸取教训,从错误中学习,不再犯相同的错误。一个不爱学习的人在当今社会是没有前途的,大学所学的知识在工作中只能占20%,80%以上的知识需要在干中学,一个人不善于学习,接受不了新的知识、新的技能,也就没有什么潜力可挖,无发展可言。

4．有较强应变能力

优秀的员工不满足于现有的成绩和现有的工作方式,而愿意尝试新的方法。因为在不断变革的今天,只有未雨绸缪,才能化被动为主动,才有能力迎接新的挑战。外企是外国公司在中国的分支机构或办事机构,世界经济的变化、中国经济的变化、公司管理层的调整和变化、人事变动等都是正常的,是公司为了适应市场的竞争的需要,这些变化或多或少会影响你的工作和你的位置,如何保持正常的心态迎接变化,适应变化,是进外企工作的人要有的最起码的准备,随着你的工作责任增大,适应变化就变得更重要。

5．有团队协作精神

外企深知个人的力量是有限的,只有发挥整个团队的作用,才能克服更大困难,获得更大的成功。管理的精要在于沟通,管理出现问题,一般是沟通出现故障,上级要与下级沟通,下级也应主动与上司沟通,不沟通而生隔阂了,再一走了之绝不是好办法,善于沟通的员工易于被大家了解和接受,也会被大家认可。

6．成绩最有说服力

一个人要想得到晋升,光凭嘴上夸夸其谈远远不够,必须得拿出成绩来，能吃几两干饭都摆在桌面上，让大家都看见了，才能取得晋升的砝码。

实效是实实在在的东西，在运用实效的艺术时，我们应注意以下几点：

（1）所取得的成绩，必须得让别人知道，特别是上司知道，而不能做无名英雄，如果别人都不知道，你干了多少都是白搭，并不能作为晋升的砝码。

（2）所取得的成绩只要别人知道也就行了，并不需要大肆宣扬，甚至吹嘘，那样只能引起别人的反感。

（3）在取得成绩后更要团结好周围的同事，搞好周围的关系，"枪打出头鸟"这句话由来已久，如果有点成绩就鹤立鸡群了，那么离群起而攻之的时候也就不远了，要知道众怒是犯不起的。

在实行市场经济的今天，各行各业都需要能干实事的人。因为这些人不仅能给大家带来利益，还是上司所需要的左膀右臂，所以这样的人才能够得到快速的提升。

二、不该具备的心态

妨碍升职的不良心态有多种，反映在不同人身上主要有以下几种类型。

1．伴娘型

这种人的毛病不在于做不好工作，而在于不能充分发挥自己的潜能。在你用心时，你的工作是一流的，而你的处事态度始终像伴娘一样，不想喧宾夺主，也不想出人头地，这阻碍了你升迁晋级。

2．鸽子型

这种人勤于工作，也有技术和才华，但由于工作性质或人事结构，所学的知识完全与工作对不上号。别人升迁、加薪、晋级，你却只是增加工作量。对这种境遇，你早就不满，但你不能大胆陈述、努力捍卫,而只是拐弯抹角地讲一讲,信息得不到传达,或根本被上司忽视了。一切全因你像一只鸽子样温顺驯服。

3．幕后型

这种人工作任劳任怨,认真负责,可是你的工作却很少被人知道,尤其是你的上司。别人总是用你的成绩去报功,你内心也想得到荣誉、地位和加薪,但没有学会如何使人注意你,注意到你的成就。一些坐享其成的人在撷取你的才智后,你只会面壁垂泣。

4．仇视型

这种人不能说不自信,甚至说是自信过了头。在工作上很能干,表现也很不错,却看不起同事,总是以敌视的态度与人相处,与每个人都有点意见冲突。行为上太放肆,常常干涉、骚乱别人。大家对这种人只会"恨而远之",无人理会你的好办法、好成绩。

5．抱怨型

一边埋头工作,一边对工作不满意;一边完成任务,一边愁眉苦脸。让人总觉得你活得被动,而上司认为你是干扰工作、爱发牢骚的人。同事认为你难相处,上司认为你是"刺儿头"。结果升级、加薪的机会被别人得去了,你只有"天真"的牢骚。

6．水牛型

对任何要求,都笑脸迎纳。别人请你帮忙,你总是放下本职工作去支援,自己手头拉下的工作只好另外加班。你为别人的事牺牲不少,但很少得到别人与上司的赏识,背后还说你是无用的老实。在领导面前不会说"不",而受到委屈后,只好到家中发泄。

以上六种不良的工作心态,其共同的特点是不能抓住自我、表现自我和捍卫自我,从而在心理上不能自我肯定。

8．培养你的领袖气质

趋势于全球化的经济体系要求每一个职场人员，要有超凡的领导能力和良好的协调能力。越来越多的人开始关注如何在团体中树立自己的权威形象，如何培养自己的"领袖气质"。可是树立权威形象，培养领袖气质，并不是一朝一夕的事情，如果我们在日常工作中，能够注意到以下几点，将会为你的领袖气质的培养打下良好的基础。

一、什么是领袖气质

你是否有过这样的困惑，为什么同样的一个建议，在你的口中说出与在他的口中说出所产生的是截然不动的两种效果？在某种情况下，为什么有着比他更出色才能的你，却无法像他那样得到团体的认可呢？你又是否意识到这种现象对你的职场进阶有着什么样的影响呢？

在任何一个团体中，总有某一个人充当着核心的角色，他的言行能够被团体认可，并指引着团体的某一些决策和行动。我们可以把这种人所具备的人格魅力称为"领袖气质"。具有这种领袖气质的并不一定是高层的管理者，在任何一个团体中，小到几个人组成的办公室，大到一个集团，总会有一个人具有说服他人、引导他人的能力。在某种程度上，"领袖气质"也可以被认为是人格魅力的一部分。

二、诚实守信

这个市场化的社会在权力、金钱等各种欲望的充斥下,变得尔虞我诈。"诚实"成了"老实"的代名词,而"老实"又似乎成了"无能"的标志。于是,刚从校园里面出来的书生,也会为找一份理想的工作,而演绎出在履历上出现了同一所大学有三个学生会主席的闹剧。可是这种欺骗带来的,只是对自己前途的阻碍。

试想,一个欺诈而不讲信用的人,连人格都让人产生怀疑怎么可能在他人心里树立权威形象呢?所以诚实守信是培养"领袖气质"的基本条件。

三、学会倾听

在职场上,学会如何表现自己,是一件非常重要的事情。很多人认为"说"比"听"更能展现自我。这并没有错,但是你是否想过自己所说的是不是能被团体所接受?

在日常生活中,有一些人在大家七嘴八舌的讨论时,他总是一声不吭地在一边静静地坐着,仔细聆听着别人的发言。到最后,他才会站出来果断地说出自己的意见。因为"听"首先是对他人的一种尊重,同时也可以帮助你了解别人的思想,了解别人的需求,了解自己和别人的差异,知道自己的长处和不足,当掌握了一切信息以后,你所提出的意见就会站在一个新的起点上,站在团体的角度上。所以最后的发言在某种时候,因为掌握了更多的信息,见解也就更深入,更权威。如果你每一次的意见都是相对正确的,那么自然而然地在他人心中树立起权威形象。

重视身边的每一个人——从记住别人的名字开始!

你要让别人重视你,树立起你的权威形象,就必须要学会重视别人。现代社会,生活节奏加快,交流增多,"Hi"一声就可以认识一个新的朋友。也许对你来说,要记住每一张新面孔实在不是一件易事,于是,再次见面却想不起他人名字的尴尬场景便会常常发生在我们身上。可是有谁意识到这其实是对他人的一种忽视和不尊重呢?心理学家发现,当许多人坐在一起讨论某个问题时,如果在你发言中提到了多个同事的名字及他们说过的话时,那么,被提到的那几个同事就会对你的发言重视一些,也容易接受一些。为什么一个称呼会引起这么大魔力呢?那就是"被重视"这个因素在起作用。所以,让我们从记住别人的姓名做起,重视身边的每一个人。才能得到其他人的重视和尊重。

四、从大局的利益出发

一个人待人处世如果只从自己的利益出发,那就不可能得到团体的认可,也更谈不上树立自己在他人心目中的权威形象了。

小胡在一家集团的市场部工作,每一个月初部门都会招集地区级主管开定价会议,可是不知道为什么,小胡提出的定价总得不到认可,甚至还遭到负责其他地区的同事的排斥,他觉得很苦恼。

后来,在一次偶然的机会里,另一个地区的主管对他吐苦水,让他找出了原由所在。事情很简单,因为小胡所在的地区销售情况很好,而且竞争对手少,相对而言,就可以制定一个比较高的价格。可是其他地区竞争对手的实力较强,市场的吞吐量又不是很大,销售价格如果定得高,便不可能完成销售目标。小胡只考虑到自己所在地区的情况,没有从大局考虑,他所提议的定价自然得不到大家的认可。

其实这种情况常常在我们的生活和工作中发生,因为人总是会自觉或不自觉地从自己的角度出发来考虑和处理工作,如果你学会设身处地地为他人着想,你就可以得到大家的信任。

五、果断地提出你的意见

如果你做到了以上几点，那么我相信，你已经取得了大家的信任与尊重。但是如何来表现你的权威呢？你必须要做到自己心里有底，说话要坚决。

有些人，在工作中面对某些问题时，明明有自己的见解，却思前想后，犹犹豫豫，等到其他同事提出时才懊悔不已。一次一次的错过，使得你失去了很多表现的机会；还有一些人，平时说话老是模棱两可，明明是一个正确的意见，却让他人产生模糊的感觉，这也会让他人对你的权威性产生怀疑。

所以，当你考虑好了，请果断地提出你的意见。

9. 你创业了吗？

"你创业了吗？"这句曾是美国硅谷人见面时的问候语，如今已成为部分中国人的常用语。

创业，无疑是近几年红火的词语。据不完全统计，目前中国约有1亿人在创业。

但另一项统计显示，我国68%的中小民营企业，其生命周期不超过5年。

如今虽是创业的年代，但老板并非人人能当，更并非所有的创业者都能获得成功。就如同古时行走江湖的侠客不仅要有随身称意的兵刃，更需具备几手"必杀技"一般。创业，除需具备资金等外部条件外，同样更需要具备一定的心理素质和个性方面的特征，即所谓"创业品质"。

下文所列是创业专家提出的十大"创业品质"。让我们拭目观之，企业家是如何练就纵横创业江湖之"必杀技"的。

一、诚信——创业立足之本

市场经济已进入诚信时代，作为一种特殊的资本形态，诚信日益成为企业的立足之本与发展源泉。

风险投资界有句名言："风险投资成功的第一要素是人，第二要素是人，第三要素还是人。"此话足以证明风险投资家对创业者个人素质的关注程度。在他们看来,创业项目、商业计划、企业模式等都可适时而变,唯有创业者品质难以在短时间内改变。

创业者品质决定着企业的市场声誉和发展空间。不守"诚信",或可"赢一时之利",但必然"失长久之利"。反之,则能以良好口碑带来滚滚财源,使创业渐入佳境。

二、自信——创业的动力

日本八佰伴集团创始人和田一夫开始时仅经营一家小水果铺,还被一场大火烧得赤手空拳。但是,在"不摧毁旧的,就不能建设新的"信念支持下,他最终东山再起,成为名噪一时的创业家。

人的意志可以发挥无限力量,可以把梦想变为现实。对创业者来说,信心就是创业的动力。要对自己有信心,对未来有信心,要坚信成败并非命中注定而是全靠自己努力,更要坚信自己能战胜一切困难。

三、勇气——视挫败为成功之基石

硅谷有着"创业大本营"的美誉,在这儿,每年都有数以万计的企业倒下,同时也有成千上万的创业者一夜暴富。美国知名创业教练约翰·奈斯汉说:"造就硅谷成功神话的秘密,就是失败。失败的结果或许令人难堪,但却是取之不尽的活教材,在失败过程中所累积的努力与经验,都是缔造下一次成功的宝贵基础。"

成功需要经验积累,创业的过程就是在不断的失败中跌打滚爬。只有在失败中不断积累经验财富,不断前行,才有可能到达成功彼岸。美国3M公司有一句关于创业的"至理名言":为了发现王子,你必须与无数只青蛙接吻。对于创业家来说,必须有勇气直面困境,敢于与困难"接吻"。

四、领袖精神——创业的无形资本

一只狮子领着一群羊,胜过一只羊领着一群狮子。这一古老的西方谚语说明了创业者领袖精神的重要性。企业成功离不开团队力量,但更多层面上取决于领导者本人。创业者是企业的一面精神旗帜,其一言一行都将影响企业的荣辱兴衰。

企业文化被称作企业灵魂和精神支柱。而企业文化精髓就是创业者的领袖精神,这是凝聚员工的一笔"不可复制"的财富,更是初创企业生存和发展的关键。

许多优秀的跨国企业中,这种领袖精神随处可见。摩托罗拉公司对高尔文"摩托罗拉大家庭"理念的继承,戴尔公司对戴尔"效率至上"原则的推崇,都证明了企业领袖精神的重要性。对创业者来说,注重塑造领袖精神,远比积累财富更重要,因为财富可在瞬间赢得或失去,但领袖精神永远是赢得未来的无形资本。

五、爱心——创业成功的催化剂

在竞争日趋激烈的今天,产品和企业的公众形象定位,对创业成功与否起着关键作用。富有爱心,则是构成诚实、良好商业氛围的重要因素。从某种角度看,爱心是创业成功的"催化剂"。

惠普创始人戴维·帕卡德提出:"一个企业对社会的责任远远重要于对股东的责任。"这位亿万富翁住在一栋简朴的房子里,却为许多大学和公益基金会捐了无数款项。

企业通过积极承担社会责任,热情支持公益事业,形成良好的社会口碑,反过来对企业的发展将产生强劲的支持作用。一位成功人士就曾感叹说,有时候花再多的钱做广告,不如多做一些对社会有益的事情,更能起到事半功倍的效果。

成功男人的九大资本

六、社交能力——借力打力觅捷径

以往人们总是强调自主创业,但如今这种观念正在改变,人际关系在创业中的作用逐渐加大,人脉圈日益成为创业信息、资金、经验的"蓄水池",有时甚至在商业活动中能起到四两拨千斤的神奇功效。

目前"朋友经济"在招商中的作用日益显现。北京大学中国金融投资家俱乐部的成员就包括投资公司老板、证券商、银行家以及政府部门金融方面官员,他们手中掌控着1200亿元资本和无限商机。

在当今提倡合作双赢的时代,过去那种单枪匹马的创业方式已越来越不适应时代需求。扩大社交圈,通过朋友掌握更多信息、寻求更大发展,日益成为成功创业的捷径。

七、合作能力——趋时避害形成合力

携程计算机技术(上海)有限公司总裁告诉青年创业者,"携程网"的成功,除了抓住当初互联网快速发展的契机,有一个良好的创业团队是关键。

"携程网"的团队成员来自美国Oracle公司、德意志银行和上海旅行社等,是技术、管理、金融运作、旅游的完美组合。大家在一起创业,分享各自的知识和经验,同时也避免了很多创业"雷区"。

八、创新精神——创业成功的维生素

金利来领带的创始人曾宪梓说:"做生意要靠创意而不是靠本

钱！"在竞争激烈的市场中，缺乏创新的企业很难站稳脚跟，改革和创新永远是企业活力与竞争力的源泉。

万科集团在1988年发行了大陆第一份《招商通函》，目前该公司已成为全国房地产知名企业和中国最具发展潜力的上市公司；上海复兴高科积极推进与数十家国有企业合资合作，用民营企业机制同国有企业资产实行有效嫁接……这些企业的成功，都离不开创业家挑战成绩、自我加压、勇于创新的精神。

九、魄力——该出手时就出手

商海女杰菲奥里纳在面对戴尔、IBM等领先者时对惠普员工说：以前我们要做到95分才推出，现在我要求80分时就推出，然后慢慢改进；以前是瞄准、准备、开火，在网络时代里，瞄准了就要开火，没有时间准备。

在创业界，往往是风险与机会并存。创业者必须善于发现新生事物，并对新生事物有强烈的探求欲；必须敢于冒险，即使没有十足把握，也应果断地尝试。

十、敏锐眼光——识时务者终为俊杰

张明正拿到电脑硕士学位后，选择了被时人称为"旁门左道"的防病毒软件作为主攻方向。1999年4月，第一个通过电子邮件传播的"梅丽莎"病毒忽然爆发，正当众多IT企业无计可施时，张明正的"传奇故事"诞生了，他的"解药"被大量使用，他创立的趋势科技公司目前市价已逾100亿美元，张本人也先后两次被美国《商业周刊》推选为"亚洲之星"。

生意场上，眼光起了决定性作用。很多资金不多的小创业者，都是依靠准确抓住某个不起眼的信息而挖到"第一桶金"的。市场经

成功男人的九大资本

济刚起步时,机会特别多,好像做什么都能赚钱,只要你有足够胆量和能力。但如今每个行业每个领域都有人做,激烈的市场竞争宣告"暴利时代"已经结束,取而代之的是"微利时代"。因此,创业机会必须靠创业者自己发掘。

附:最赚钱的10种职业

1. 计算机软件开发
2. 建筑承包
3. 律师
4. 体育明星
5. 注册会计师
6. 证券经纪人
7. 广告人
8. 特种养殖(种植)
9. 整形医生及美容师
10. 公关

第六章　男人的社交资本
——好人脉成就好命运

　　每个人都是社会大家庭中的一员,依赖于其他社会人的存在而存在,没有一个人的成功是不需要和他人协作的。如果你能以饱满的热情和必要的智慧去享受人际关系网建立的整个过程,而不把其当做一种负担的话,便一定会成功的建立起合理的人际关系网,为人生走向成功打下良好的基础。

1. 关于社交礼仪

礼仪是指人们在社交活动中所共同遵守的礼节、仪式；交际礼仪的主要特点种类与作用如下。

一、礼仪和礼节

礼仪是指人们在社交活动中所共同遵守的礼节、仪式，即必须严格遵守的一种礼貌行为规范和法则。礼仪和礼节既相互联系又相互区别。礼节是待人接物的规矩，表示尊敬、祝颂、哀悼等，属于礼仪行为规范。这些规矩往往是约定俗成、相沿成习的。礼仪和礼节是有区别的，具体表现在以下几个方面。

（1）礼仪是一种行为规范，而礼节则是这种行为规范的具体表现形式。比如，在举行婚礼仪式时，夫妻互拜、互赠礼物，主婚人、证婚人讲话就属于礼仪的一种具体礼节。

（2）礼仪具有相对的稳定性，而礼节则随着时代的变迁，人们思想道德观念的改变而有所变化。中国是一个礼仪大国，远在奴隶社会和封建社会时期就非常重视礼节，并把礼节作为约束人们的行为和安邦治国的一个重要手段。统治阶级要人们"非礼勿视，非礼勿听，非礼勿言，非礼勿动"。随着社会的进步，人们思想观念的变化，有很多礼节已被逐步淘汰。但礼仪则变化较小而具有相对的稳定性。

（3）礼仪一般是在比较正规的场合下运用，而礼节则是人们日常交际也要运用的一些具体规则。很明显，礼仪是针对公关交际活动的整体而言的，礼节不仅在正规交际场合中常用，在非正规交际活动中也常用。例如，公关交际场合中常用的握手、问候就只是一种具体礼节。

二、交际礼仪的种类

（1）日常交际礼仪：日常交际礼仪即非正式场合中的仪式和礼节，主要包括：称呼、迎候、介绍、致谢、致歉、告别、握手、拥抱等礼节。

（2）宴会礼仪：设宴招待来宾，是公关交际活动中常用的一种礼节。公关交际活动中常用的礼仪交际形式有宴会、招待会、茶会、工作进餐等。日常交往常有家宴、便宴等形式。

（3）晚会礼仪：晚会礼仪是社交活动中诸如为庆祝节日或有重大意义的纪念日而举行娱乐性活动所运用的一种交际形式，对于联络感情，加深友谊，扩大社交范围是很有益的。

（4）舞会礼仪：舞会礼仪即在种种舞会活动中必须遵循的礼节，也是社交活动的一种形式。它的形式活泼，气氛融洽，格调高雅，宜于在节庆日、周末和生日、婚礼等喜庆礼仪中举行。

（5）开业、剪彩等庆典礼仪：开业典礼是指企业或服务行业开张时举行的仪式。剪彩礼仪是指重大工程竣工或开业典礼，以及其他庆典所动用的仪式。

三、交际礼仪的特点

☆交际礼仪行为的规范性

规范性是交际礼仪的本质特点。它告诉人们应该怎样做,而不应该怎样做;怎样做是对的,怎样做是错的。对此,交际礼仪都有明确的规定。

交际礼仪的规定性主要表现在以下几个方面:

(1)语言的规范性:人们无论谈论什么事都要运用礼貌语言。例如,人们见面时相互问候,告别时说声"再见",以及在交谈中双方所使用的都是比较规范的礼貌语言。

(2)行为的规范性:在公关礼仪活动中,人们究竟应该怎样施礼都有一定的规范。例如,人们见面时以握手等行为表示问候,告别时用握手、招手表示再见。关系特别的甚至以拥抱、亲吻表示问候和告别。及至对于怎样握手、拥抱等都有严格的规定。

☆交际礼仪范围的普遍性

交际礼仪既然是人们交际必须遵守的规范和法则,那么它的形成和发展就具有一定的历史背景。从古至今,礼仪自始至终地贯穿于人们的一切交际活动中,并且普遍地被人们所接受和确认。

☆交际礼仪形式的多样性

交际礼仪的种类繁多,表现形式也多种多样。就其日常交际活动中常用的礼仪就有鞠躬礼、握手礼、亲吻礼、拥抱礼等多种形式,正式交际场合中的礼仪更是多种多样,礼仪的要求也就更为严格。

四、交际礼仪的作用

(1)交际礼仪是人们沟通思想的桥梁:实际生活告诉人们,没有现代交通,通讯便没有现代化;没有沟通同样也就没有现代化。

可见社会需要礼仪，人类需要沟通。沟通是礼仪的首要功能，也是礼仪的首要目的。

（2）礼仪是个体与群体的协调器：每个人都是社会舞台上的演员，既要演好自己的戏，又要善于与其他角色协调配合。人们在交往过程中，需要以礼仪这种交际手段来不断调节，按一定的规范协调人际关系。

人，既是个体的人，也是社会的人。我中有你，你中有我，这是人类的显著特点，是礼仪调节人际关系的出发点。公共关系的发展，靠个体彼此之间的协调，也靠个体与群体之间的协调。这样才能使你、我、他融合在一起，形成一个社交整体，从而在各自的位置上推动社会前进。交际礼仪能使陌生人相识乃至于相知。能使相识相知的人更进一步地加深情谊。

人在社会中生活，需求是多种多样的，既有包括物质在内的基本需求，也有包括精神在内的内层次需求。而要满足人们的这些需求，作为桥梁和协调器的交际礼仪就起到了显著的作用。

因此，在实际工作中，我们应特别注意交际礼仪的运用，并通过它来促进本人或本组织的发展，树立良好的形象。

成功男人的九大资本

2．巧妙利用自我介绍

在人际交往中如能正确地利用介绍，不仅可以扩大自己的交际范围，广交朋友，而且有助于自我展示、自我宣传，在交往中消除误会，减少麻烦。自我介绍，即将本人介绍给他人。从礼仪上讲，作自我介绍时应注意下述问题。

一、自我介绍的时机

在下面场合有必要进行适当的自我介绍。如：应试求学时、在交往中与不相识者相处时、有不相识者表现出对自己感兴趣时、有不相识者要求自己作自我介绍时、有求于人，而对方对自己不甚了解，或一无所知时、旅行途中，与他人不期而遇，并且有必要与之建立临时接触时、自我推荐、自我宣传时、如欲结识某些人或某个人，而又无人引见，如有可能，即可向对方自报家门，自己将自己介绍给对方。

二、自我介绍的注意事项

（1）注意时机：要抓住时机，在适当的场合进行自我介绍，对方有空闲，而且情绪较好，又有兴趣时，这样就不会打扰对方。

（2）讲究态度（职业成熟度的把握）：态度一定要自然、友善、亲切、随和。应镇定自信、落落大方、彬彬有礼。既不能委委懦懦，又不能虚张声势，轻浮夸张。表示自己渴望认识对方的真诚情感。任何人都以被他人重视为荣幸，如果你态度热忱，对方也会热忱。语气要自然，语速要正常，语音要清晰。在自我介绍时镇定自若，潇洒大方，有助给人以好感；相反，如果你流露出畏怯和紧张，结结巴巴，目光不定，面红耳赤，手忙脚乱，则会为他人所轻视，彼此间的沟通便有了阻隔。

（3）注意时间：自我介绍时还要简洁，言简意赅，尽可能地节省时间，以半分钟左右为佳。不宜超过一分钟，而且愈短愈好。话说得多了，不仅显得啰唆，而且交往对象也未必记得住。为了节省时间，作自我介绍时，还可利用名片、介绍信加以辅助。

（4）注意内容：自我介绍的内容包括3项基本要素：本人的姓名、供职的单位以及具体部门、担任的职务和所从事的具体工作。这3项要素，在自我介绍时，应一气连续报出，这样既有助于给人以完整的印象，又可以节省时间，不说废话。要真实诚恳，实事求是，不可自吹自擂，夸大其词。

（5）注意方法：进行自我介绍，应先向对方点头致意，得到回应后再向对方介绍自己。如果有介绍人在场，自我介绍则被视为不礼貌的。应善于用眼神表达自己的友善，表达关心以及沟通的渴望。如果你想认识某人，最好预先获得一些有关他的资料或情况，诸如性格、特长及兴趣爱好。这样，在自我介绍后，便很容易融洽交谈。在获得对方的姓名之后，不妨口头加重语气重复一次，因为每个人最乐意听到自己的名字。

三、自我介绍的具体形式

（1）应酬式：适用于某些公共场合和一般性的社交场合，这种自我介绍最为简洁，往往只包括姓名一项即可。"你好，我叫ＸＸ。""你好,我是ＸＸ。"

（2）工作式：适用于工作场合,它包括本人姓名、供职单位及其部门、职务或从事的具体工作等。如"你好,我叫ＸＸ,是ＸＸ公司的销售经理。""我叫ＸＸ,在ＸＸ学校读书。"

（3）交流式：适用于社交活动中,希望与交往对象进一步交流与沟通。它大体应包括介绍者的姓名、工作、籍贯、学历、兴趣及与交往对象的某些熟人的关系。如"你好,我叫ＸＸ,在ＸＸ工作。我是ＸＸ的同学,都是ＸＸ人。"

（4）礼仪式：适用于讲座、报告、演出、庆典、仪式等一些正规而隆重的场合。包括姓名、单位、职务等,同时还应加入一些适当的谦辞、敬辞。如"各位来宾,大家好！我叫ＸＸ,是ＸＸ学校的学生。我代表学校全体学生欢迎大家光临我校,希望大家……"

（5）问答式：适用于应试、应聘和公务交往。问答式的自我介绍,应该是有问必答,问什么就答什么。

3. 男人社交禁忌

一、忌开玩笑过度

朋友之间，熟人之间开开玩笑是免不了的。它不但可以活跃气氛，融洽关系，增进友谊，还可以使开玩笑的人具有幽默感。但是，凡事都有个"度"，开玩笑的"度"，没有固定的衡量标准。它是因人、因时、因环境、因内容而定。具体如下：

要看对象。由于人的性格、秉性各不相同，使得他们的承受能力也有所不同。有的人开朗活泼，为人豁达、大度，有的人寡言少语、谨小慎微，也有的人生性多疑。因此，同样的玩笑对有的人可以开，对有的人就不能开；对男性可以开，对女性就不能开，对青年人可以开，对老年人就不能开。如果不注意这些分别，很可能因一句玩笑而影响了人与人之间的感情。

要看时间。同一个人，在不同的时间里会有不同的心境和情绪。有时情绪好，有时情绪低落。同样一句玩笑，在对方心情开朗时，他不会计较，而当他心情坏时，就可能耿耿于怀。因此，开玩笑最好选择在大家心情都比较舒畅时。

开玩笑还要看场合和环境。一般来说，在安静的环境中，最好不开玩笑。如，别人学习和工作时；在庄重、紧张的场合，不宜开玩笑。如，参加庄重的会议或社会活动时；在悲哀的环境中，不应该开玩笑。如，参加吊唁活动或探望病人时；在大庭广众之下，应少开或不开玩笑。

要看内容。开玩笑要讲究内容健康高雅,注意情调。切忌拿别人的生理缺陷开玩笑;忌揭别人的"疮疤";忌开庸俗无聊、低级下流的玩笑;忌开捕风捉影、以假乱真的玩笑。不要把自己的快乐建立在别人的痛苦之上。而应在开玩笑过程中溶进知识性和趣味性,使大家在开玩笑中学到知识、受到教育、陶冶情操、增加乐趣,从而收到积极的效果。

二、忌随便发怒

喜怒哀乐,本是人之常情,也是人的内心世界的真实表现。本不足为怪,也不应干涉。然而,在社交场合却不能随意发怒。这是因为,随便发怒,至少会引起两种不良后果:一是对发怒的对象不友好,可能会伤了彼此的和气和感情,失去熟人或朋友之间的信任与友谊。二是对发怒者本人不利。因为人们常会认为发怒者缺乏修养,不宜深交。那么怎样才能克制自己少发怒甚至不发怒呢?主要应做到以下几方面:

遇事冷静思考。心理学研究表明,人的愤怒情绪按其程度可以分为9个梯级:不满、气恼、愠、怒、愤懑、激愤、大怒、暴怒、狂怒。当人处在第一二梯级时,还不一定发脾气,但已有发脾气的情绪基础了;在三四梯级时,脾气有点发出来了,但还能听规劝,或进行情绪转移;到五六梯级时,自我克制能力已经很差,而且已具有某种"主动进攻"的色彩;到七级以上时,脾气就发得很大了,理智几乎完全丧失,往往会造成破坏性的后果。然而人的脾气与怒火,会随着距事情发生时间的加长而出现递减的状态。因此遇事不要急,先静下心来想一想,怒气就会大减,以致息怒。

多为他人着想。人的习惯和本能是不断地为自己的行为、信念和感情辩解。在社会交往中,有的人就不知不觉地把自己与他人分别对待。对别人比较苛求,对自己则比较宽容,久而久之就变得事事不顺心,看谁都不顺眼,进而变得易怒。对于这种人,要正确地对待他人,凡事都要从别人的立场和角度去考虑,多为他人着想,从中找出自身的弊病,以便改掉易怒的脾气。

三、忌恶语伤人

所谓恶语是指那些肮脏污秽、奚落挖苦、刻薄侮辱一类语言。如果在社交活动中口出恶语,不但伤害他人的感情,而且有损自身形象,会成为不受欢迎之人。俗语说:"良言一句三冬暖,恶语伤人六月寒。"在社交活动中应极力避免恶语的出现。要做到这一点,主要应从以下几方面努力:

三思而后言。在与人交谈过程中,要冷静思考,每说一句话都应经过大脑的分析,避免不假思索而出口不逊。

回避发怒的人。恶语往往出现于人的盛怒之下,因此,要避免恶语的出现,首先应做到控制自己的怒火,同时回避正在或正要发怒的人。

注意沟通。恶语有时是在双方发生误解和矛盾的情况下出口的,因此,要避免恶语,就要先消除双方的误解,解决双方的矛盾。而误解和矛盾的消除必须借助于彼此的沟通。

四、忌飞短流长

所谓飞短流长,意思就是说长道短,评论他人的好坏是非。这同样是社交之大忌。常言道,人与人交往贵在真诚,要以诚相见。那种当面是人背后做鬼,私下议论别人是非的做法,是不利团结的,而且会伤害朋友之间的感情,最终使你失去朋友。因此,在社会交往中要注意以下几点:

不要干涉别人的隐私。我们提倡朋友之间以诚相待,胸怀坦荡。

但这并不是说个人全然没有秘密，必须把自己的一切公之于众。只要是不违背法律和道德，不损害他人利益和侵犯他人权利，每个人都可以有自己的隐私。这种隐私应该受到尊重和保护。到处刺探别人的隐私当新闻来传播的行为是不道德的，是对当事人人格的侵犯。

不要主观臆断，妄加猜测。在日常生活和工作中，有些人喜爱捕风捉影，无事生非，制造所谓的新闻。殊不知，这样做既制造了人与人之间的矛盾，也损害了当事人的名誉，不利于人与人之间正常交往的顺利进行。因此，在社会交往中要学会用善良的眼光看人，不能听风就是雨。

不要传播不负责任的小道消息。小道消息往往是未加证实的消息，有的甚至是凭空捏造的。因此，一个道德高尚、有修养、会交际的人应该自觉抵制小道消息，而不是随波逐流，津津乐道。

对朋友的过失不能幸灾乐祸。人非圣贤，在工作和生活中出现差错和过失是在所难免的。对待朋友的错误不能熟视无睹，更不应幸灾乐祸，而应积极相助，指点迷津。

五、忌言而无信

社会交往中，自古就有"一诺千金，一言百系"的说法。因此，要让别人相信你，尊重你，你就必须要言而有信。古人云："人无信，不可交"。如果言而无信，在社交场合中就不会有自己真正的朋友。而要做到言而有信，必须从以下几个方面约束自己。

对朋友以诚相待。与朋友相处要坦诚，才能与朋友建立相互信赖的关系，朋友才会信任你。

记住自己的许诺。不能轻易向别人许诺，一旦许了诺，就要记住，并不遗余力地去兑现，否则会使你失信于人。

言而有信，行而有果。一个人要时刻对自己的言行负责，说了就要做，做不到就不要说。要严守信誉，绝不食言。

4．商界人士谈话交往中的礼仪

商务交往中，对商务人员的口才有很高要求。商务人员不一定要伶牙俐齿，妙语连珠，但必须具有良好的逻辑思维能力、清晰的语言表达能力，必须在克己敬人、"寸土必争"的前提下，在谈话之中保持自己应有的风度，始终以礼待人。有道是，"有'礼'走遍天下"，在谈话之中也是如此。

平心而论，要符合上面那些要求，不是一件很容易的事。不过不要紧，系统地学习掌握一些谈话的技巧，对商务人员在商务交往之中搞好人际关系，定然大有帮助。

谈话的技巧，具有极强的可操作性，而且需要针对不同的人与事，来加以灵活地运用。

例如，当有一位朋友不邀而至，贸然闯进了您的写字间，而您实在难用很长的时间与之周旋时，如果直接告之对方"来的不是时候"，或对之爱答不理，都很可能得罪人。

其实，只要用委婉一些的语言，一样可以暗示对方应尽早离去，而且还不至于使其难堪。可以在见面之初，一面真诚地对其表示欢迎，一面婉言相告："我本来要去参加公司的例会，可您这位稀客驾到，我岂敢怠慢。所以专门告假五分钟，特来跟您叙一叙。"这句话的"话外音"，乃是暗示对方："只能谈五分钟时间"，但因说得不失敬意，在对方的耳中就要中听多了。

又如，一位来企业参观的外商，若突然向您问起了我方的产量，

成功男人的九大资本

产值一类原本不宜问到的问题,告之以"无可奉告"固然能行,却也有可能使对方无地自容。

此时此刻,完全可以运用适当的谈话技巧,用另外的方式来表达"无可奉告"之意。比方说:"董事会让我们生产多少,就生产多少"。"有多大生产能力,就生产多少"。"能卖出去多少产品,就能创造多大产值"。"一年和另一年创造的产值,往往不尽相同"。面对这种照顾对方情绪的"所答非所问",对方但凡识相,定会知难而退。

下面,就介绍一些商界人士皆应运用自如的说话技巧。

一、寒暄与问候

寒暄者,应酬之语是也。问候,也就是人们相逢之际所打的招呼,所问的安好。在多数情况下,二者应用的情景都比较相似,都是作为交谈的"开场白"来被使用的。从这个意义讲,二者之间的界限常常难以确定。

寒暄的主要的用途,是在人际交往中打破僵局,缩短人际距离,向交谈对象表示自己的敬意,或是借以向对方表示乐于与之结交之意。所以说,在与他人见面之时,若能选用适当的寒暄语,往往会为双方进一步的交谈,做好良好的铺垫。

反之,在本该与对方寒暄几句的时刻,反而一言不发,则是极其无礼的。

当被介绍给他人之后,应当跟对方寒暄。若只向他点点头,或是只握一下手,通常会被理解为不想与之深谈,不愿与之结交。

碰上熟人,也应当跟他寒暄一两句。若视若不见,不置一词,难免显得自己妄自尊大。

在不同时候,适用的寒暄语各有特点。

跟初次见面的人寒暄,最标准的说法是:"您好!""很高兴能认识你""见到您非常荣幸"。

比较文雅一些的话，可以说："久仰"，或者说："幸会"。

要想随便一些，也可以说："早听说过您的大名"、"某某人经常跟我谈起您"，或是"我早就拜读过您的大作"、"我听过您作的报告"，等等。

跟熟人寒暄，用语则不妨显得亲切一些，具体一些。可以说"好久没见了""又见面了"，也可以讲："您气色不错""您的发型真棒"，"您的小孙女好可爱呀""今天的风真大""上班去吗？"

寒暄语不一定具有实质性内容，而且可长可短，需要因人、因时、因地而异，但它却不能不具备简洁、友好与尊重的特征。

寒暄语应当删繁就简，不要过于程式化，像写八股文。例如，两人初次见面，一个说："久闻大名，如雷贯耳，今日得见，三生有幸"，另一个则道："岂敢，岂敢"搞得像演出古装戏一样，就大可不必了。

寒暄语应带有友好之意，敬重之心。既不容许敷衍了事般地打哈哈，也不可用以戏弄对方。"来了"，"瞧你那德性"，"喂，你又长膘了"，等等，自然均应禁用。

问候，多见于熟人之间打招呼。西方人爱说："嗨"中国人则爱问"去哪儿"、"忙什么"、"身体怎么样"、"家人都好吧？"

在商务活动中，也有人为了节省时间，而将寒暄与问候合二为一，以一句"您好"，来一了百了。

问候语具有非常鲜明的民俗性、地域性的特征。比如，老北京人爱问别人："吃过饭了吗？"其实质就是"您好！"您要是答以"还没吃"，意思就不大对劲了。若以之问候南方人或外国人，常会被理解为："要请我吃饭""讽刺我不具有自食其力的能力""多管闲事""没话找话"，从而引起误会。

在阿拉伯人中间，也有一句与"吃过饭没有"异曲同工的问候语："牲口好吗？"您可别生气，人家这样问候您，绝不是拿您当牲口，而是关心您的经济状况如何。在以游牧为生的阿拉伯人中间，还有什么比牲口更重要的呢？问您"牲口好吗？"，的确是关心您的日子过得怎么样。

为了避免误解,统一而规范,商界人士应以"您好""忙吗"为问候语,最好不要乱说。

牵涉到个人私生活、个人禁忌等方面的话语,最好别拿出来"献丑"。例如,一见面就问候人家"跟朋友吹了没有",或是"现在还吃不吃中药",都会令对方反感至极。

二、称赞与感谢

什么样的人最招人喜欢?答案是有的:懂得赞美别人的人,最是招人喜欢。

什么样的人最有礼貌?答案也是有的:得到他人帮助后,知道及时表示感谢的人最有礼貌。

称赞与感谢,都有一定的技巧。如果不注意,自行其是,不但可能会显得虚伪,而且还可能会词不达意,招致误解。

比如,赞美旁人:"您今天穿的这件衣服,比前天穿的那件衣服好看多了",或是"去年您拍的那张照片,看上去您多么年轻呀",都是用"词"不当的典型例子。前者有可能被理解为指责对方"前天穿的那件衣服"太差劲,不会穿衣服;后者则有可能被理解为是在向对方暗示:您老得真快!您现在看上去可一点儿也不年轻了。您说,讲这种废话是不是还不如免开尊口呢?

赞美别人,应有感而发,诚挚中肯。因为它与拍马屁,阿谀奉承,终究是有所区别的。

赞美别人的第一要则,就是要实事求是,力戒虚情假意,乱给别人戴高帽子。夸奖一位不到40岁的女士"显得真年轻",还说得过去;要用它来恭维一位气色不佳的80岁的老太太,就过于做作了。离开真诚二字,赞美将毫无意义。

有位西方学者说:面对一位真正美丽的姑娘,才能夸她"漂亮"。

面对相貌平平的姑娘，称道她"气质甚好"，方为得体。而"很有教养"一类的赞语，则只能用来对长相实在无可称道的姑娘讲。

他的话讲得虽然有些率直，但却道出赞美别人的第二要则：需要因人而异。男士喜欢别人称道他幽默风趣，很有风度。女士渴望别人注意自己年轻、漂亮。老年人乐于别人欣赏自己知识丰富，身体保养好。孩子们爱听别人表扬自己聪明，懂事。适当地道出他人内心之中渴望获得的赞赏，适得其所，善莫大焉。这种"理解"，最受欢迎。

赞美别人的第三要则，是话要说得自自然然，不露痕迹，不要听起来过于生硬，更不能"一视同仁，千篇一律"。

当着一位先生的夫人之面，突然对后者来上一句："您很有教养"，会让人摸不着头脑。可要是明明知道这位先生的领带是其夫人"钦定"的，再夸上一句："某先生，您这条领带真棒！"那就会产生截然不同的"收益"。

第六章 男人的社交资本——好人脉成就好命运

成功男人的九大资本

5．职场人际关系的至尊宝典

在工作遇到困难的时候，满腹牢骚是无济于事的，要抱有正面的态度，着眼于有益的事情。清楚你的人生目标、使命及长远计划，列出一份你个人的成绩及获得的利益，每当你怀疑的时候，便拿来作参考。与抱有正面理想的人为伍，要避免问那些"为什么"的问题，将焦点集中在工作上，学会心胸开阔。

一、交往的尺度

1．交浅言深者不可深交

初到公司，可以透过闲谈而与同事沟通，拉近彼此之间的距离。但是有一种人，刚认识你不久，便把自己的苦衷和委屈一股脑儿地向你倾诉。这类人乍看是令人感动的，但他可能也同样地向任何人倾诉，你在他心里并没有多大的分量。

2．搬弄是非的"饶舌者"不可深交

一般来说爱道人是非者，必为是非人。这种人喜欢整天挖空心思探寻他人的隐私，抱怨这个同事不好、那个上司有外遇，等等。长舌之人可能会挑拨你和同事间的交情，当你和同事真的发生不愉快时，他却隔岸观火、看热闹，甚至拍手称快。也可能怂恿你和上司争吵。他让你去说上司的坏话，然而他却添油加醋地把这些话传到上司的耳朵里，如果上司没有明察，届时你在公司的日子就难过了。

3．唯恐天下不乱者不宜深交

有些人过分活跃，爱传播小道消息，制造紧张气氛。"公司要裁员""某某人得到上司的赏识""这个月奖金要发多少""公司的债务庞大"等等，弄得人心惶惶。如果有这种人对你说这些话，切记不可相信。当然也不要当头泼他冷水，只需敷衍："噢。是真的吗？"

4．顺手牵羊爱占小便宜者不宜深交

有的人喜欢贪小便宜，以为"顺手牵羊不算偷"，就随手拿走公司的财物，比如订书机、纸张、各类文具等小东西，虽然值不了几个钱，但上司绝不会姑息养奸。这种占小便宜还包括利用公司的时间、资源做私事或兼差，总认为公司给的薪水太少，不利用公司的资源捞些外快，心里就不舒服。这种占小便宜看起来问题不严重，但公司一旦有较严重的事件发生，上司就可能怀疑到这种人头上。

5．被上司列入黑名单者不宜深交

只要你仔细观察，就能发现上司将哪些人视为眼中钉，如果与"不得志"者走得太近，可能会受到牵连，或许你会认为这太趋炎附势。但有什么办法，难道你不担心自己会受牵连而影响到晋升吗？不过，你纵然不与之深交，也用不着落井下石。

避免深交，但需要与之沟通。当你新进公司时，应当表现得友善大方，主动与人交际。比如：邀请同事共进午餐或晚餐，寻找机会请教工作上的问题，借此表达你愿意配合同事工作的善意。

三五同事经常聚在一起，或去唱歌，或逛街看电影，或聚会玩牌，久而久之，情谊加深，有可能从此形成"小团体"。

如果上司把你认为是小团体的一员而列入黑名单，你就倒霉了。一般说来，上司对小团体总是抱持着不信任的态度，对于小团体里的人多有顾虑。

首先，上司会认为小团体里的人公私难分。如果提拔了圈内某个人，而与之较好的同事"哥儿们"可能会得到偏爱放纵，不仅对公

司、事业不利，对其他员工也不公平。

有些时候，上司担心小团体里的人"不忠诚"。经常聚在一起的人气味相投，若上司对其中某个人批评或扣奖金，若其中某个人与别的同事发生矛盾，这几人可能联合起来对付上司，或影响公司团结。再说，即使上司想给其中某个人单独奖励或红包，这个人很可能就会泄漏给圈内的朋友知道。很可能红包不是每个人都有，其他同事若知道定会认为上司不公。

二、28条交往的实用技巧

1．长相不令人讨厌，如果长得不好，就让自己有才气；如果才气也没有，那就总微笑。

2．气质是关键。如果时尚学不好，宁愿纯朴。

3．与人握手时，可多握一会儿。真诚是宝。

4．不必什么都用"我"做主语。

5．不要向朋友借钱。

6．不要"逼"客人看你的家庭相册。

7．与人打的时，请抢先坐在司机旁。

8．坚持在背后说别人好话，别担心这好话传不到当事人耳朵里。

9．有人在你面前说某人坏话时，你只微笑。

10．自己开小车，不要特地停下来和一个骑自行车的同事打招呼。人家会以为你在炫耀。

11．同事生病时，去探望他。很自然地坐在他病床上，回家再认真洗手。

12．不要把过去的事全让人知道。

13．尊敬不喜欢你的人。

14．对事不对人；或对事无情，对人要有情；或做人第一，做事其次。

15．自我批评总能让人相信，自我表扬则不然。

16．没有什么东西比围观者们更能提高你的保龄球的成绩了。所以，平常不要吝惜你的喝彩声。

17．不要把别人的好，视为理所当然，要知道感恩。

18．榕树上的"八哥"在讲，只讲不听，结果乱成一团。学会聆听。

19．尊重传达室里的师傅及搞卫生的阿姨。

20．说话的时候记得常用"我们"开头。

21．为每一位上台唱歌的人鼓掌。

22．有时要明知故问：你的钻戒很贵吧！有时，即使想问也不能问，比如：你多大了？

23．话多必失，人多的场合少说话。

24．把未出口的"不"改成："这需要时间""我尽力""我不确定""当我决定后，会给你打电话"……

25．不要期望所有人都喜欢你，那是不可能的，让大多数人喜欢就是成功的表现。

26．当然，自己要喜欢自己。

27．如果你在表演或者是讲演的时候，如果只要有一个人在听也要用心的继续下去，即使没有人喝彩也要演，因为这是你成功的道路，是你成功的摇篮。

28．如果你看到还值得一看的东西，那么你一定要有所回复，因为你的回复会给人继续前进的勇气，会给人很大的激励。同时也会让人感激你。

成功男人的九大资本

三、交往的禁忌

人们最讨厌听贬损话、恶意挑错的话，听到这些话就像碰上"乌鸦头上叫"，使人扫兴恶心，产生反感甚至憎恶。

在交际中，人们都喜欢听好话赞扬话，听到这些话就像遇到"喜鹊唱枝头"，令人高兴振奋，从而对说话人会产生好感。

1．对别人的成功，要分享其喜悦，不要任意贬低

人们获得的成功，包含着艰苦的付出，都希望得到别人的肯定和赞扬。事业有成，成功者就会有成就感，充分享受到成功的喜悦。反之，如果遭到否定，则令人扫兴，甚至痛苦。

孙老师的女儿，在北大读大三，托福考试获得了630分的好成绩。孙老师把这一喜讯在办公室说出来以后，张悦抢先接过话头说："630分的托福成绩不算好嘛！听说清华大学一个年轻厨师托福还考了650多分呢。"孙老师听到张悦的话，脸色一下子就由晴转阴了。

她正要发作，陈甜甜接过话头说："读大三托福就能考630分，真了不起！我同学的儿子读大四了，托福才考560分呢。您女儿真棒！出国时我们都去贺喜！"紧接着，办公室的同事你一言我一语地赞扬开了，孙老师被真诚的祝贺声包围着，沉浸在成功的喜悦之中。而张悦被冷落在一旁，相当尴尬。

2．对别人的爱物，要感受其乐趣，不要故意指瑕

许多人都有自己珍藏的爱物，这些物品，只有在别人面前展示时得到众人的喝彩，才能体现出珍品的价值来，而珍品的主人才觉得脸上有光，才更觉得珍藏有意义。如果珍藏的爱物遭人贬损，这对珍藏者无疑是精神打击，他会对你心生反感和厌恶。

李叔六十大寿时，在酒楼宴请宾客。老人家特意把他在广西买回的一条乳白珍珠领带打上了，他自我感觉非常好，仿佛有返老还童

之感。仪式之后，他神采奕奕地来向大家敬酒。外甥女突然冒出了一句："李伯，您老还是打的十多年前的那条老掉牙的领带呀？看，上面都霉点了！"

李叔听了这话脸色铁青，气得一句话都说不出来了，有人立即圆场说："你这小丫头真外行！那不是霉点，是白珍珠上点缀着最珍贵的黑珍珠，黑白分明，效果好极了。珍珠领带也像美玉一样，越老越名贵。"同席的宾客都很灵醒，纷纷称赞主人的领带珍贵而别致。李叔舒心地笑了，六十寿辰过得十分愉快。

3．对别人的打扮，要尊重其个性，不要随意挑剔

每个人都有自己独特的审美情趣，有自己喜欢的装束打扮。"萝卜白菜，各有所爱"，只要是他自己喜欢的总有美的因素，作为旁观者最好以鉴赏家的口气锦上添花，别以批评家的架势吹毛求疵。

李小贞游九寨沟时，特意买回一条带有藏族风格的粗线条羊毛披肩。她喜欢披在肩上逛商店、遛大街、游公园，回头率还蛮高的呢。可有一天她披着这条披肩去参加同学会，昔日最好的朋友丁倩见了，十分惊讶地说："我的天呀！你怎么把搭沙发的东西披在肩上嘛！不伦不类的。"

李小贞当时脸一下子红到耳根，窘迫得取下也不是，披着也不是。另一位老同学刘雅立即上来救场说："你们没有到过那人间仙境，见识短浅哟！人家这是藏族特色的珍品，外国人还高价购买去珍藏呢！你怎么不帮我买一条呢？忘记了老同学啦！"她这一救场话使双方都从困境中解脱出来，大家重叙旧情，找回昔日的温馨。

4．对别人的用品，要认知其价值，不要恶意排斥

一种物品，买来时是崭新的，到了后来就成了过时的东西了。但只要这种物品仍有实用价值，虽然老气了点，主人对它非常珍惜，别人就应该称赞他节俭的美德，而不要去肆意贬低，指责人家保守落后。

成功男人的九大资本

老马以前是一家幼儿园的汽车司机。退休时，他用两万多元把园里处理的一辆半新的幼儿车买来了。那车改装一下可坐七八个人，周末老马喜欢载着几个哥们儿到野外去玩，涉河、爬山踏青、探险，大家高兴而去，尽兴而归。

可有一天，车子在路上熄火了。老马正在修车，有位女士就等得不耐烦了，发牢骚说："在哪里拣个破烂的报废车来开——窝囊！"她的话一出口，就成了众矢之的，大家群起而攻之，骂她是"乌鸦嘴"，小王说："老车认主，老马认途。这车的脾气，咱老马早摸透了，立马就能修好，大家放心吧！"

汽车修好后，老马声称不许她上车了，要她另外打车回家！大伙儿劝住老马还是把她拉上车来。一路上大家说说笑笑，只有那位"乌鸦嘴"女士默不作声，从此以后也不好意思参加郊游活动了。

5．对别人的"创作"，要觉察其亮点，不要蓄意求疵

一个人拿得出手的"佳作"并不多。最得意的东西往往是他苦心经营的结晶。苦心人有意把得意之作出示于人，是希望得到别人的赏识而对他"刮目相看"，从而得到别人的认同，增加自己的成就感、自豪感。我们看到别人的杰作首先是指其瑕呢，还是赞其瑜呢？这是一个人待人处世的方法问题，更是一个人对待别人劳动成果的态度问题。

高明远两口子都是工薪族，上有老下有小，家庭经济不富裕。前年拿出了半辈子的积蓄，好不容易才买到一套两居室的经济适用房。没钱请人装修就自己动手，夫妻俩起早摸黑忙活了两个月，房子总算完工了，一家人非常满意。老高专门请了亲朋好友来参观，大家都赞不绝口，只有他的小姨子却处处挑过指瑕：一会儿说卫生间太小，一会又说浴室喷水龙头太高；一会儿说客厅的吊灯太刺眼，一会儿又说主卧室的灯光太暗淡……

一张乌鸦嘴在人群中喋喋不休，没完没了，总是唱反调，出噪音。

老高的大哥说话了:"我看这房子装修得很好!美观、大方、实用、材料好、花钱少。我去年装修那房,请人包工包料花了两万多元,还没有这个样。老弟干脆'下海'开家装修公司得了!"老高看到自己的"佳作"得到大家的赏识,高兴极了,滔滔不绝地讲起自己的"经验"来。

在交际场上,长"乌鸦嘴"的人,要么充当出乖露出的喜剧角色,要么上演遭人唾弃的悲剧人物。真正受欢迎的还是报喜传捷的"喜鹊",他们总是能发现别人的亮点,善于制造欢乐,营造祥和氛围,与人为善,讨人喜欢。希望朋友们在交际场上不当令人讨厌的"乌鸦",争做带来吉祥的"喜鹊"!

四、处理人际关系小建议

1．故意显露笨拙的一面,使对方产生优越感

比如说,时下的演员都以年轻貌美、头脑聪明、歌艺佳、演技生动为优点,企图在观众中塑造一种形象,提升优越感;殊不知,一个人面对比自己优秀的人,只会增加心中的挫折感,也就自然而然就产生了反感。根据这个原理,某些人为获得知名度,故意表露自己的笨拙。在公司的同事、上司面前,故意表现出单纯的一面,以其憨直的形象,激发他人的优越感,吃小亏而占大便宜。而有的部属不会隐藏自己的锋芒,工作上处处表现得干劲十足、能力超强,殊不知自己在无形中已惹来嫉妒和猜忌:"你行,你一人就能干好,那还要我们干什么?"

2．说些自己的私事,从而拉近彼此间的距离

开门未必一定要见山,一见面就谈工作的事,铁定会让人反感。何妨暂时抛开主题,先谈及共同的话题,或自己的繁杂琐事,以求达到心灵的共鸣。如肯尼迪在争夺总统席位的竞选演说中,曾经轻描

成功男人的九大资本

淡写地说:"紧接着,我还要告诉各位一句话,我和我的妻子虽然赢得选战,但我们希望能再生个孩子。"

在公司与同事谈及私事,可以增进彼此间的亲切感。但是,私事并不包括隐私。如果你向别人泄漏自己的隐私,别人可能会以此为笑柄攻击你。如果随意谈论及他人的隐私,他人也会对你表示不满,并乘机报复。

3. 倾听是你克敌制胜的法宝

一个时时带着耳朵的人远比一个只长着嘴巴的人讨人喜欢。与人沟通时,如果只顾自己喋喋不休,根本不管对方是否有兴趣听。这是很不礼貌的事情,也极易让人产生反感。

做一个好听众,不仅要自己说,更要尊重别人说,效果比你说得天花乱坠好得多。倾听并不只是单纯地听,而应真诚地去听,并且不时地表达自己的认同或赞扬。倾听的时候,要面带微笑,最好别做其他的事情,应适时的以表情、手势如点头表示认可,以免给人敷衍的印象。

特别是当对方有怨气、不满需要发泄时,倾听可以缓解他人的敌对情绪。很多人气愤的诉说,并不一定需要得到什么合理的解释或补偿,而是需要把自己的不满发泄出来。这时候,倾听远比提供建议有用得多。如果真有解释的必要,也要避免正面冲突,而应在对方的怒气缓和后再进行。

6. 如何与不同品性的人交往

现实生活中，有些人内心方正，有些人内心圆滑，有些人对外方正，有些人对外圆滑。从这个角度考察，人物呈现四种形态：内方外方，内方外圆，内圆外圆，内圆外方。"到什么山上唱什么歌。"和不同形态的人物交往，要用不同的交际之道。

一、对内方外方的人要诚实委婉

日常交往中，有些人直来直去，有棱有角，从而不太讨人喜欢。他们往往性太直，情太真，血太热，气太傲。他们往往处世认真，不留余地；做事投入，过于突出；活力四射，难免张扬；才华过人，忘记平衡。他们坚持是我的错，我就承认，决不东推西挡；是你的错，就是你的错，想赖也赖不掉。

这种形态的人，便是内方外方的人。表里如一、秉公立世，是对这些人的美丽评价。"不为五斗米折腰"，是这类人创下的可歌典故。忠心耿耿的屈原、刚直无私的包拯，是这类人物的典型代表。如果社会上缺乏这种人，那是不堪设想的，因为他们是空气的去污剂，丑行的绊脚石。

同这种形态的人物交往：

一要诚实。内方外方的人不会口蜜腹剑，不会阳奉阴违，是个值得信赖、值得尊重的人物，所以要待之以诚，关心爱护。如果对他们

虚伪猜忌,往往会使他们产生强烈反感情绪,并且他们还会把这种不满表现在脸上,使你们之间的心理距离扩大。

二要委婉。内方外方的人做事不灵活,言辞不变通,往往会使一些人陷入难堪境地,所以和他们交往,要注意婉转。当看到内方外方的人口无遮拦时,尖锐抨击时,要采用一个合适的方式转移主题,或者幽上一默,赞扬一句,巧妙地加以引导。内方外方的人是心地纯正、刚直无私的人,不应该因为他们曾经"刺伤"过你,就对他们计较,就对他们发火。

有位内方外方的大作家在如日中天的时候,接到一位青年的来信。这位青年说,要同他合写一部小说。大作家看后,心中有点生气,他在信中毫无保留地写道:"先生:你怎么如此胆大包天呢?竟然想把一匹高贵的马和一头卑贱的驴子套在同一辆车上。"这位青年灵机一动,在回信的开头写道:"尊敬的阁下:您怎么这样抬举我呢,竟然把我比作马?"在信的后半部分,这位青年将自己的写作特长、潜力,合作的必要性、可行性以及对青年成长的影响等等一五一十地写出来。大作家接到信后,哈哈大笑起来,立即回信道:"我的朋友:您很有趣,请把文稿寄过来吧,我很乐意接受您的建议。"在这个事例中,青年曲解原意,幽默风趣,言辞诚恳,出奇制胜,说服了大作家。

二、对内方外圆的人要有礼有节

当直来直去会伤害别人自尊心的情况下,当有棱有角会使自己陷入难堪境地的情况下,当方方正正不能达到满意效果的情况下,有些人会采用圆滑变通的策略。明明是正确的,应该义无反顾地坚持,但因为坚持的阻力太大,就违心地装聋作哑了;明明是错误的,应该理直气壮地驳斥,但为了一己私利,就压抑着默不作声了。这些人宁可雌伏苟且,亦不雄扬招妒;凡事权衡利害,决不感情用事。

这些人，就是内方外圆的人。他们洁身自好，处世练达，唯唯诺诺，谨小慎微，既有原则性，又有灵活性。因为聪明强干，而又锋芒不露，喜怒不形于色，所以四平八稳，八面玲珑，在复杂的人际、利益关系中，亦往往游刃有余。在大厦将倾之际，内方外圆的人会和内方外方的人共同构成支撑濒危建筑的梁柱。洞明世事的诸葛亮、谦虚自律的曾国藩，是这类人物的典型代表。

同这种形态的人物交往：

一要有礼有理。内方外圆的人虽然表面随和，但内心却是厌恶粗鲁，仇视邪恶，无礼无理的人是不能和这类人结为至交的。如果想缩短同这类人的心理距离，就必须表现出你的积极、健康、向上的交往心态。耻于见人、低三下四的言行举止，尽量在这些人面前少出现，如此，才能得到这类人物的认同。

二要有节有度。内方外圆的人，即使对他人相当反感，也不会把不满情绪表现在脸上，他表面上对你很友好，但他的内心究竟如何却使你捉摸不透。因此，同他们交往，要讲究分寸，把握适度，不要因为他的脸上挂着微笑，就得寸进尺，忘乎所以。

一位富有的华侨雷先生，想到贫穷落后的故乡考察办厂。接待他的王乡长非常热情，先是请他到酒店小聚，雷先生抹不过面子，只好"入乡随俗"了。但雷先生不擅饮酒，几杯下去，就面红脖组，摇头拒饮了。可是王乡长为表达自己的"地主之谊"，哪难不让其喝足呢？于是说尽好词，劝其"再进"、"再进"一杯酒。雷先生不忘自己的谦谦君子风范，就勉强地多喝了几杯。酒后，王乡长为表达自己的"好客之情"，力邀雷先生"ＯＫ"一番，本来雷先生不喜欢唱歌，但为了不伤及王乡长的自尊心，便陪着他折腾了一个晚上。

第二天，雷先生留下了1000元钱，用以支付昨天的招待费，便离开了这块尚是贫瘠的家园。王乡长非常纳闷，雷先生一直兴致勃勃，为什么会突然离开呢？唉！王乡长不明白雷先生的特点：内心方正，看不惯王乡长的强人所难，看不惯王乡长的浪费时间；对外却又圆

第六章　男人的社交资本——好人脉成就好命运

通,不去当面指责,不丢自己风度。如果王乡长在接待雷先生一事上有礼有节,恰到好处,那结果又会怎样呢?

三、对内圆外圆的人要有板有眼

生活中,有些人长于研究"人事",偏重于个人私利,该低的头就低,该烧的香就烧,该拉的关系就拉,该糊涂的事就糊涂,该下手时就下手。不但为人处世圆滑老到,而且内心对自己并无什么约束、什么戒律,很少去追问人生真正的意义。他们遇到好事、露脸的事、有利的事,就去抢;遇到坏事、无名的事、无利的事,就去推。这种形态的人物,便是内圆外圆的人。与内方外圆的人不同点是,他们一般不会同情弱者,救济穷人,甚至为了私利,还会算计人,歪曲人。这种人的代表,当属一些市井无赖,街头小人。由于他们缺少顶天立地的气概,所以一般不会成为大器。

同这种形态的人交往:

一要有板有眼。由于他们内心深处,并无什么必须遵守的做人规则,所以,可能干出表面华丽亮堂、实则损人利己的伎俩。对他们的不当做法,应该明确指正,不要因为太爱面子,便不好意思将实情说出口,使自己受委屈。

二要有所保留,有所提防,不要过于相信他们。内圆外圆的人非常清楚自己的缺点,所以也害怕别人不讲义气,不守诺言,因此,和这样的人打交道,要清楚地示意他们:如果你讲信用,那么我就守诺言。在这种做法引导下,能够使他们在正确交际规道上行驶。

某公司的王二,是个典型的内圆外圆的人。有一件事就很能够说明这个问题。某同事到外地出差,王二笑嘻嘻地请其给他捎带某某商品。等到同事把买来的商品送到他手上后,王二却恰到好处地忘记给钱。过了十天半月,王二非常严肃地、跟没事人似的问道:"我给你钱了吧?你可别不好意思?"谁能为百八十块的钱儿跟他认真呢？这样，王二就白白赚了同事一个小便宜，他为自己略施小技获得成功高兴不已。在这个事例中，王二抓住了人们的弱点，去获取个人的私利。对此，王二的同事不应该不把实情说出口，他应该明确指出王二确实没有给钱。如此的话，既不会使自己受到损失，也不会得罪王二这个人。

四、对内圆外方的人要灵活变通

有些人张口是人民利益，闭口是党纪国法，但肚子里却装的是男盗女娼、个人私利。他们在台上慷慨激昂，俨然一副正人君子模样，台下却干些乌七八糟、见不得人的丑事。这种人在领导眼前、群众面前浑身都是一派正气，但自己心里却非常清楚自己是一个什么样的人物。这样形态的人，便是内圆外方的人。因为搞言行两张皮，玩弄两面术，所以极具欺惑性。生活大舞台上，他们是出色的演员。罩着金色光环的贪官，披着华丽外衣的恶人，就是这种形态人物的典型代表。他们很会包装自己，如果剥开这层包装，就会原形毕露。"金玉其外，败絮其中"，是对他们的恰如其分的评价。

同这种形态的人物交往：

要灵活变通。由于他们嘴上一套，心里一套，所以和他们打交道，既不能不听他们说的，又不能完全相信他们说的。如何交往，运用什么策略，采用什么方式，说出什么内容，要根据当时情况灵活变通，切不可被他们的"精彩论述"迷住了双眼，进入了死胡同。与这类人交往，首要的任务是根据各个方面的信息，分析出他的真实内心，然后再对症下药，巧妙引导。如此的话，就能够把他们带到正确的交往轨道上来。

小宋想在出国留学之前，和恋人小薛办理结婚登记手续，可是接待他们的民政局婚姻登记处严主任说："小宋啊，你离登记年龄还差两个月呀！法律有规定，别说差两个月，就是差两个小时都不行。"

成功男人的九大资本

没办法,两个人一脸惆怅地回到家里,闻听此事的他家邻居、在公安局上班的迟科长说:"身份证上也没有精确到出生时辰呀,怎么会差两个小时都不行呢?这个严主任定是个口是心非的人。按照我们地方规定,像你们这种情况,是应该予以照顾的。这样吧,明天你们再去一趟,就说你的叔叔、民政局李局长的同学、公安局迟科长说严主任神通广大,体恤民情,会积极争取领导支持,给一个照顾指标的。"

第二天,这种说法果然发生了效力。严主任沉思了半天,对他俩说:"昨天下午,我们才接到上级文件,情况特殊的青年男女应该予以照顾。这样吧,你们填一下登记表格吧。"事情就这样顺利办好了。

这位严主任是个典型的内圆外方形态人物,他表面上把自己装扮成一个道貌岸然、不徇私情的人物,肚子里却装满了大鬼小鬼,为树"形象",假话连篇。小宋俩人根据迟科长的提示,作了一下变通,从而使问题得到解决。我们社会要想健康发展,就应该坚决不用严主任这样的人物担当重任。

7.人际关系中的8种距离

对方和你的关系如何,可以通过他与你保持的距离来判断。同时,彼此间的对话,也和双方距离的远近有很大关系。

根据美国人类学家埃特瓦特·霍尔的观察,人际关系可通过八种距离来断定。

一、密切距离——接近型(0.15米)

这是为了爱抚、格斗、安慰、保护而保持的距离,是双方关系最接近时所具有的距离。这时语言的作用很小。

二、密切距离——较近型(0.15~0.45米)

这是伸手能够触及到对方的距离。是关系比较密切的同伴之间的距离;也是在拥挤的电车中人与人之间不即不离的距离。

三、个体距离——接近型(0.45~0.75米)

这是能够拥抱或抓住对方的距离。对于对方的表情一目了然。男人的妻子处于这种位置是自然的,而其他女生处在这个距离内,则易产生误解。

四、个体距离——稍近型(0.75~1.20米)

这是双方同时伸手才能触及到的距离,这是对人有所要求时应有的一种距离。

五、社会距离——接近型(1.20~2.10米)

这是超越身体能接触的界限,是办事时同事之间所处的一种距离。保持这种距离,使人具有一种高雅、庄严的气质。

成功男人的九大资本

六、社会距离——远离型（2.10～3.60米）

这是为便于工作保持的距离，工作时既可以不受他人影响，又不给别人增添麻烦。夫妻在家时，保持这种距离，可以互不干扰。

七、公众距离——接近型（3.6～7.5米）

如果保持4米左右的距离，说明说话人与听话人之间有许多问题或思想待解决与交流。

八、公众距离——远离型（7.5米以上）

这是讲演时采用的一种距离，彼此互不相扰。

如能将以上8种距离铭记在心，就能准确、顺利地判断出你与对方所处的关系与密切程度。

8. 影响你前途的10种交往心理

良好的心理素质，是人们进行广泛社交活动的必要条件。相反，心理状态不佳，会形成某些隔膜和屏障，在一定程度上阻碍了人们交朋友结友和适应社会。因此，我们在工作生活中应该注重自身修养，努力克服以下种种人际交往中的不良心理。

一、自私心理

处处以自我为中心，只讲索取，不讲奉献。争名夺利，甚至损人利己。这种心理对于交际危害极大。它时时处处会伤害到别人，这种人永远也不会找到真正的朋友。

二、自傲心理

处处唯我独尊，"老子天下第一"，趾高气扬，轻视别人，甚至贬低别人、嘲笑别人，听不进别人的意见。这种心理对于交际危害很大，这些人也很难与别人相处。

三、猜疑心理

有猜忌心理的人,往往爱用不信任的眼光去审视对方和看待外界事物,每每看到别人议论什么,就认为人家是在讲自己的坏话。猜忌成癖的人,往往捕风捉影,节外生枝,说三道四,挑起事端,其结果只能是自寻烦恼,害人害己。

四、逆反心理

有些人总爱与人抬杠,以此表明自己的标新立异。对任何事情,不管是非曲直,你说好他偏说坏,你说一他偏说二,你说辣椒很辣,他偏说不辣。逆反心理容易模糊是非曲直的严格界限,常使人产生反感和厌恶。

五、排他心理

人类已有的知识、经验以及思维方式等,需要不断地更新,否则就会失去活力,甚至产生负效应。排他心理恰好忽视了这一点,它表现为抱残守缺,拒绝拓展思维,促使人们只有在自我封闭的狭小空间内兜圈子。

六、作秀心理

有的人把交朋友当作是逢场作戏,往往朝秦暮楚,见异思迁,且喜欢吹牛。这种人与人之间的交往方式只是在做表面文章,因而常常得不到真正的友谊和朋友。

七、互利心理

有的人认为交朋友的目的就是为了"互相利用",因此他们只结交对自己有用、能给自己带来好处的人,而且常常是"过河拆桥"。这种人际交往中的占便宜心理,会使自己的人格受到损害,久而久之会失去知心朋友。

八、冷漠心理

有些人对与自己无关的人和事一概冷漠对待,甚至错误地认为言语尖刻、态度孤傲、高视阔步,就是自己的"个性",致使别人不敢接近自己,从而也不能交到较多的好朋友。

九、嫉妒心理

有的人嫉妒心理较强,看到别人的成功,不是为他们高兴,而是嫉妒。相反,当看到别人受挫时,往往幸灾乐祸。这种人不给自己背上沉重的心理包袱,也会受到身边人的反感。这也会使别人不愿与之交往。

十、自卑心理

有些人容易产生自卑感,甚至瞧不起自己,只知己短不知己长,甘居人下,缺乏应有的自信心,怯于表现自己,无法发挥自己的优势和特长。有自卑感的人，在社会交往中办事无胆量，习惯于随声附和，没有自己的主见。这种心态如不改变，久而久之，有可能逐渐磨损人的胆识、魄力和独特个性，会阻碍自己计划与理想的实现。怯懦心理是束缚思想行为的绳索，理应断之，弃之。

　　以上这些心理不但不利于个人的身心健康，对于人际交往也都会产生不同程度的影响。使人不愿接近、难以接近。希望我们每个人都时常检查自己，预防产生这些心理，用热情健康的良好心理品质去接触身边的每一个人，去享受美好的人间之情。

第七章　男人的情商资本
——优秀不是一时的行为

　　情商是时下一个非常流行的词语，它主要是指人在情绪、情感、意志、耐受挫折等方面的品质。对一个人来说，成功不仅仅是事业上的成果，还包括婚姻的成功，家庭的成功。"情商"的高低在当今社会往往决定了一个男人生存的成败，而任何一条成功的道路都不会是平坦的，如何管理、提高自己的情商显得尤为重要。

成功男人的九大资本

1. 全面提升你的情商

当今社会，竞争日趋激烈，提高自己的情商，已成为一种提高生存能力的手段，而并非只有渴望成功的人士才需要。提高情商其实并不是一件难事，只要你能按照下面几个步骤训练一下你的神经系统，你的情商将会有大幅度的提高。但有一点要注意：这些训练要贯穿于你的生活中，而不是情商提高后就高枕无忧了，要坚持。

一、阅读伟人或名人的传记，从中汲取营养

科学研究发现，人们在阅读伟人或名人的传记时，会不自觉得与自己的生活经历和生活环境相比较，对于不同的地方，更倾向于伟人或名人的，于是便会有一种潜移默化的效果。而伟人或名人往往都是高情商者。

二、听听音乐

没有什么指定的曲目，想听点什么就听点什么。在听的时候要集中精力，闭上眼睛让心灵随着音符而盘旋起舞。这是一种很好的精神体操，让心灵在运动中得到休息，就像身体的运动一样，长期的懒散带给你的不是精力充沛，而是昏昏欲睡。

三、适量运动

依据个人喜好,参加一些运动,最好是多人协作的那种。如果没有条件,在家里面的跑步机上运动一下也很好。柔性运动,如太极拳、瑜伽等,对休养自己的身心都有很大的帮助。

四、与知心朋友聊聊天

在网络上聊或面对面聊都可以。最好有共同的健康的爱好,不要多谈令人心烦的事情。

五、制定目标

经过一段时间的训练,你肯定会觉得与原来不一样了,这时候就要给自己定一个目标,一个长期的人生目标。可以具体一点,比如:我要在有生之年赚足一百万,或者要去游历十几个国家,或者是简单地做一个好人,对家庭、对朋友都问心无愧,留下一个好的口碑。有了目标的人生,就像有了太阳的地球,永远欣欣向荣。日常的琐事不再令你心烦,想想你的人生目标,那种事根本算不了什么。

如果有的朋友有耐心看到这里,却发现什么都没有学到,心里还是烦得很,那你是需要发泄一下你的感情了。如果有条件的话,可以去做极限运动,享受一下挑战极限的乐趣,如果你不敢去,说明你还是很爱惜自己的,爱自己就让自己快乐吧!

2．不要让坏情绪左右你

在我们做的事情当中，有许多都受到感情的影响。由于我们的感情可为我们带来伟大的成就，也可能使我们失败，所以，我们必须了解，要控制自己的感情，首先应该做的是，了解对我们有刺激作用的感情有哪些？我们可将这些感情分为七种消极和七种积极的情绪。

七种消极情绪为：
①恐惧；②仇恨；③愤怒；④贪婪；⑤嫉妒；⑥报复；⑦迷信

七种积极情绪为：
①爱；②性；③希望；④信心；⑤同情；⑥乐观；⑦忠诚

以上14种情绪，正是你人生计划成功或失败的关键，他们的组合，既能意义非凡，又能够混乱无章，完全由你决定。

乐观会增强你的信心和弹性，而仇恨会使你失去宽容和正义感。如果你无法控制自己情绪，你的一生将会因为不时的情绪冲动而受害。

如果你正在努力控制情绪的话，可准备一张图表，写下你每天体验并且控制情绪的次数，这种方法可使你了解情绪发作的频繁性和它的力量。一旦你发现刺激情绪的因素时，便可采取行动除掉这些因素，或把它们找出来充分利用。

将你追求成功的欲望，转变成一股强烈的执着意念，并且着手实现你的明确目标，这是使你学得情绪控制能力的两个基本要件，这两个基本要件之间，具有相辅相成的关系，而其中一个要件获得进展时，另一要件也会有所进展。

3．高智商男人是这样赢得成功的

一、相信自己

相信自己并不是一句空喊的口号，它是对自我生命的承诺，是对自己生命的敬畏。很多人就是这样，一开始有远大、宏伟的目标，并为之开始努力、奋斗。可往往遇到挫折便放弃了，或者遇到有旁人说三道四，便收手不干。这样永远都无法达到成功的彼岸。他一辈子都在找寻自己的目标，却又常常抛弃目标。

但是有一点要说明一下，自信不等同于固执，不要盲目的自信，自信不排斥他人的善意提醒。世事往往是这样的，当局者迷，旁观者清。

不听老人言，吃亏在眼前。对于那些对待前人的经验不加分析，而在"自信"的名义下全部封杀的人最后倒霉的是自己。因而，在考虑他人意见时，加以理性分析，取精去粗，知己知彼，才能最大限度地趋利避害，为自己的成功找到捷径。

二、品格就是财富

品格是最宝贵的财富。它是人类的良好意愿和个人的尊严方面的财富。在这个方面进行投资的人们，虽然不能在世俗的物质方面变得富有，但是，他们可以从赢得的尊重和荣誉中得到回报。

天才生来便是受人崇拜的，他的聪明是独一无二的，无人可以企及。而品格高尚的往往被人视为楷模，加以仿效。

天才与生俱来比他人的智商高，似乎有点"踏不破铁鞋无觅处、得来全不费工夫"的意味，而高尚品格则不是天生的，它是人在生命的实践中锤炼出来的，有可以让人学习的弹性空间，在生活中，有着它独特的魅力。

三、学会尊重每一个人

人不是万能的，因而，即使从功利的角度来思量，也应该去尊重他人。何况我们生在礼仪之邦，尊重他人更是体现一种美好品德的一个重要方面。

就是说，礼貌尊重就像一面镜子，你对他笑，他也便对你笑，你对他怒吼，他也对你怒吼。

在如今这个纷繁复杂的世界里生活，人们始终处于错综复杂的环境当中。在处理人际关系时，尊重他人尤为重要。

人不是万能的，你总会有你不能的地方，你无法面面俱到，具备任何一项才能。当你有求他人时，要尊重他人，礼貌待人；在没有求他人时，同样得保持谦逊之心，防止"平时不烧香，临时抱佛脚"。

四、逆境成才

尽管挫折与失意使人受到打击，但它又包含着智慧和哲理，它是到达智慧彼岸的桥梁和渡船。

在我们经历的人生里程当中，顺境的背后等待我们的是更多的逆境险阻。人的一生是顺境和逆境并存的世界，当你向着自己的目标而努力的时候，逆境就会在这个时候产生。

人越是有一个抱负和理想，要去建立别人未曾建立的功勋，那么你就要承担更多的责任和苦难。当别人在享受生活乐趣的时候，而你却在忍受苦难的煎熬；当别人在呼朋唤友，高谈阔论的时候，你却在忍受孤独。上帝是很公平的，你要成大事就必须比别人承受更多的苦难。

五、为自己减压

男人一生下来，便被赋予远胜于女人的更大的、更多的责任。在实际的人生历程当中，这些责任便转化为巨大的、无形的压力。压力来自四面八方，无所不在。工作时，本职工作的压力，面对上司的压力；家庭里要做一个好儿子、好丈夫、好父亲；社会上……压力几乎无处不在，如影随形的跟着男人一辈子。

说到底，当你面对压力时，除了抱着平常之心，清净之心和换个角度想问题之外，还要去解决它。寻找压力的根源，进而设法解决它。

上帝很公平，在你想到达的目的地里，有着胜利者的荣誉；同时，他也设计了许多压力在路程之中。就是说，你想做出多大的成就，就必须承受多大的压力。

藐视压力，换个角度去考虑压力，从生活的最大压力中解脱出来，便又向成功的彼岸迈出了一大步。

成功男人的九大资本

4. 男人要勇于克服自卑

自卑是一种消极的自我评价或自我意识，自卑感是个体对自己能力和品质评价偏低的一种消极情感。自卑感的产生，往往并非认识上的不同，而是感觉上的差异。其根源就是人们不喜欢用现实的标准或尺度来衡量自己，而相信或假定自己应该达到某种标准或尺度。如"我应该如此这般""我应该像某人一样"等。这种追求大多脱离实际，只会滋生更多的烦恼和自卑，使自己更加抑郁和自责。自卑是人生成功之大敌。自古以来，多少人为自卑而深深苦恼，多少人为寻找克服自卑的方法而苦苦寻觅。下面这些途径和方法颇具操作性，有助于人们摆脱自卑，走向自信。

一、用补偿心理超越自卑

补偿心理是一种心理适应机制，个体在适应社会的过程中总有一些偏差，为求得到补偿。从心理学上看，这种补偿，其实就是一种"移位"，即为克服自己生理上的缺陷或心理上的自卑，而发展自己其他方面的长处、优势，赶上或走过他人的一种心理适应机制，正是这一心理机制的作用，自卑感就成了许多成功人士成功的动力，成了他们超越自我的"涡轮增压"，而"生理缺陷"愈大的人，他们的自卑感也愈强，寻求补偿的愿望就愈大，成就大业的本钱就愈多。

解放黑奴的美国总统林肯，不仅是私生子，出生微贱，且面貌丑陋，言谈举止缺乏风度，他对自己的这些缺陷十分敏感。为了补偿这些缺陷，他力求从教育方面来汲取力量，拼命自修，以克服早期的知识贫乏和孤陋寡闻。他在烛光、灯光、水光前读书，尽管眼眶越陷越深，但知识的营养却对自身的缺陷作了全面补偿。他最终摆脱了自卑，并成为有杰出贡献的美国总统。贝多芬从小听觉有缺陷，耳朵全聋后还克服困难写出了优美的《第九交响曲》，他的名言——"人啊，你当自助！"成为许多自强不息者的座右铭。

在补偿心理的作用下，自卑感具有使人前进的反弹力。由于自卑，人们会清楚甚至过分地意识到自己的不足，这就促使其努力学习别人的长处，弥补自己的不足，从而使其性格受到磨砺，而坚强的性格正是获取成功的心理基础。

自卑能促使人走向成功。人道主义者威特·波库指出，在每个人的内心深处都有一种灵性，凭借这一灵性，人们得以完成许多丰功伟业。这种灵性是潜在于每个人内心深处的一股力量，即维持个性，对抗外来侵犯的力量。它就是人的"尊严"和"人格"。人们为了维护自己的尊严和人格，就要求自己克服自卑，战胜自我。因此，令人难堪的种种因素往往可以成为发展自己的跳板。一个人的真正价值，道德取决于能否从自我设置的陷阱里超越出来，而真正能够解救我们的，只有我们自己。即所谓"上帝只帮助那些能够自救的人"。

强者不是天生的，强者也并非没有软弱的时候，强者之所以成为强者，在于他善于战胜自己的软弱。一代球王贝利初到巴西最有名气的桑托斯足球队时，他害怕那些大球星瞧不起自己，竟紧张得一夜未眠，他本是球场上的佼佼者，但却无端地怀疑自己，恐惧他人。后来他设法在球场上忘掉自我，专注踢球，保持一种泰然自若的心态，从此便以锐不可当之势进了一千多个球。球王贝利战胜自卑的过程告诉我们：不要怀疑自己、贬低自己，只要勇往直前，付诸行动，就一定能走向成功。久而久之，就会从紧张、恐惧、自卑的中解脱出来。因此，不甘自卑、发愤图强、积极补偿，是医治自卑的良药。

成功男人的九大资本

心理补偿是一种使人转败为胜的机制，如果运用得当，将有助于人生境界的拓展。但应注意两点：一是不可好高骛远，追求不可能实现的补偿目标；二是不要受赌气情绪的驱使。只有积极的心理补偿，才能激励自己达到更高的人生目标。

二、用乐观态度面对失败

在自我补偿的过程中，还须正确面对失败。人生之路，一帆风顺者少，曲折坎坷者多，成功是由无数次失败构成的，正如美国通用电气公司创始人沃特所说："通向成功的路，即把你失败的次数增加一倍。"但失败对人毕竟是一种"负性刺激"，总会使人产生不愉快、沮丧、自卑。那么，如何面对？如何自我解脱？就成为能否战胜自卑、走向自信的关键。

面对挫折和失败，唯有乐观积极的心态，才是正确的选择。其一，做到坚韧不拔，不因挫折而放弃追求；其二，注意调整、降低原先脱离实际的"目标"，及时改变策略；其三，用"局部成功"来激励自己；其四，采用自我心理调适法，提高心理承受能力。

要使自己不成为"经常的失败者"，就要善于挖掘、利用自身的"资源"。虽然有时个体不能改变"环境"的"安排"，但谁也无法剥夺其作为"自我主人"的权利。应该说当今社会已大大增加了这方面的发展机遇，只要敢于尝试，勇于拼搏，是一定会有所作为的。屈原放逐乃赋《离骚》，司马迁受宫刑乃成《史记》，就是因为他们无论什么时候都不气馁、不自卑，都有坚韧不拔的意志！有了这一点，就会挣脱困境的束缚，走向人生的辉煌。

此外，作为一个现代人，应具有迎接失败的心理准备。世界充满了成功的机遇，也充满了失败的可能。所以要不断提高自我应付挫折与干扰的能力，调整自己，增强社会适应力，坚信失败乃成功之母。

若每次失败之后都能有所"领悟",把每一次失败当作成功的前奏,那么就能化消极为积极,变自卑为自信。

三、用实际行动建立自信

征服畏惧,战胜自卑,不能夸夸其谈,止于幻想,而必须付诸实践,见于行动。建立自信最快、最有效的方法,就是去做自己害怕的事,直到获得成功。具体方法如下。

1．突出自己,挑前面的位子坐

在各种形式的聚会中,在各种类型的课堂上,后面的座位总是先被人坐满,大部分占据后排座位的人,都希望自己不会"太显眼"。而他们怕受人注目的原因就是缺乏信心。

坐在前面能建立信心。因为敢为人先,敢上人前,敢于将自己置于众目睽睽之下,就必须有足够的勇气和胆量。久之,这种行为就成了习惯,自卑也就在潜移默化中变为自信。另外,坐在显眼的位置,就会放大自己在领导及老师视野中的比例,增强反复出现的频率,起到强化自己的作用。把这当作一个规则试试看,从现在开始就尽量往前坐。虽然坐前面会比较显眼,但要记住,有关成功的一切都是显眼的。

2．睁大眼睛,正视别人

眼睛是心灵的窗口,一个人的眼神可以折射出性格,透露出情感,传递出微妙的信息。不敢正视别人,意味着自卑、胆怯、恐惧;躲避别人的眼神,则折射出阴暗、不坦荡心态。正视别人等于告诉对方:"我是诚实的,光明正大的;我非常尊重非常尊重你,喜欢你。"因此,正视别人,是积极心态的反映,是自信的象征,更是个人魅力的展示。

3．昂首挺胸，快步行走

许多心理学家认为，人们行走的姿势、步伐与其心理状态有一定关系。懒散的姿势、缓慢的步伐是情绪低落的表现，是对自己、对工作以及对别人不愉快感受的反映。倘若仔细观察就会发现，身体的动作是心灵活动的结果。那些遭受打击、被排斥的人，走路都拖拖拉拉，缺乏自信。反过来，通过改变行走的姿势与速度，有助于心境的调整。要表现出超凡的信心，走起路来应比一般人快。将走路速度加快，就仿佛告诉整个世界："我要到一个重要的地方，去做很重要的事情。"步伐轻快敏捷，身姿昂首挺胸，会给人带来明朗的心境，会使自卑逃遁，自信滋生。

4．练习当众发言

面对大庭广众讲话，需要巨大的勇气和胆量，这是培养和锻炼自信的重要途径。在我们周围，有很多思路敏锐、天资颇高的人，却无法发挥他们的长处参与讨论。并不是他们不想参与，而是缺乏信心。

在公众场合，沉默寡言的人都认为："我的意见可能没有价值，如果说出来，别人可能会觉得很愚蠢，我最好什么也别说，而且，其他人可能都比我懂得多，我并不想让他们知道我是这么无知。"这些人常常会对自己许下渺茫的诺言："等下一次再发言。"可是他们很清楚自己是无法实现这个诺言的。每次的沉默寡言，都是又中了一次缺乏信心的毒素，他会愈来愈丧失自信。

从积极的角度来看，如果尽量发言，就会增加信心。不论是参加什么性质的会议，每次都要主动发言。有许多原本木讷或有口吃的人，都是通过练习当众讲话而变得自信起来的，如萧伯纳、田中角荣、德谟斯梯尼等。因此，当众发言是信心的"维生素"。

5．学会微笑

大部分人都知道笑能给人自信，它是医治信心不足的良药。但是仍有许多人不相信这一套，因为在他们恐惧时，从不试着笑一下。

真正的笑不但能治愈自己的不良情绪，还能马上化解别人的敌对情绪。如果你真诚地向一个人展颜微笑，他就会对你产生好感，这种好感足以使你充满自信。正如一首诗所说："微笑是疲倦者的休息，沮丧者的白天，悲伤者的阳光，大自然的最佳营养。"

第七章　男人的情商资本——优秀不是一时的行为

5. 克服粗心大意的4种方法

粗心大意是许多年轻人共有的毛病。从心理学的观点来看，粗心是指自己的理解和会做的事情，由于不仔细而造成的差错，作为一种性格缺陷，它的危害性是不言而喻的。

怎样克服粗心大意的毛病呢？

一、加强对工作和学习重要性的认识

工作和学习中经常有这样的现象：有些问题很容易，按理是绝对不应该出差错的，粗心的人还是出差错了；反之，有些事情比较难，按理说出差错的可能性较大，但粗心的人这时反而倒不出差错了。为什么会出现这种"反常"的现象呢？

心理学家认为，这是因为，人们对较难的问题心理上比较重视，在大脑皮层上形成的兴奋灶比较强烈，不易受其他兴奋灶的干扰，因而不易出现差错；反之，对较易的问题心理上不太重视，在皮层上形成的兴奋灶比较微弱，易受其他兴奋灶的干扰，因而较易出现差错。正因为这样，加强对工作和学习的重要性的认识，提高责任心，就不会马虎随便，掉以轻心，而且也能自觉地克服分心现象，从而有助于克服粗心大意的毛病。

二、保持适度紧张情绪

我们常有这样的机会：每当进入考场时常暗示自己细心点，可是由于心情紧张，一些事后看来十分明显的错误、疏漏就像隐身人一样接踵而至，甚至看错了题目要求，忘做了某些题目。事后发现懊悔不迭，直怨当时粗心。

其实，这种粗心纯粹是由情绪紧张所造成的。心理学家唐森等人的研究表明，智力操作效率与情绪紧张之间的关系是一种到"U"型曲线关系。当情绪过分紧张，或毫不紧张时，智力操作效率都是最差的；当情绪在中等强度的紧张状态下，智力操作效率往往是最好的。因此，保持适度的紧张情绪，也是防止粗心的有效方法。

三、集中注意力

心理学告诉我们，一心是可以"二用"的，这叫做注意的分配，例如，教师一边讲课，一边观察学生听讲的情况；学生一边听课，一边记笔记等，都是"一心二用"的例证。但是，注意的分配是有条件的，即同时进行的两种活动中，其中必须有一种是十分熟练的。当然，同时实行的几种活动之间的关系也很重要。如果它们之间毫无关系，则同时进行这些活动是有困难的。因此，为了克服粗心大意的毛病，学会这些活动是有困难的。因此，为了克服粗心大意的毛病，学会把自己的注意力始终集中在所要完成的工作上，也是十分重要的。

四、戒除与不良习惯

有些人由于经常粗心大意，久而久之，行为方式形成了稳固的动力定型,亦即形成了粗心的习惯。在这种情况下,戒除粗心大意的习惯乃是克服粗心毛病的治本之策。

戒除粗心习惯的方法首先是要培养细心的好习惯。因为单纯克服坏习惯,仅仅是靠意志来抑制;而同时培养好习惯,就可以在皮层通过负诱导的机制对原来的坏习惯形成的条件反射产生破坏作用,这样不仅效果大,而且消耗的心理能量亦少。因此,在工作和学习中,我们应当有意识地坚持高标准、严要求、做事讲究条理,做完之后要认真核对、验算、检查。如果我们长期这样,就会"习惯成自然"。

其次,在具体的方法上,也应有所研究。以粗心写错别字的习惯为例。我们知道,产生错别字的原因主要在于条件反射的泛化。因此,要消灭错别字,就要对容易混淆的词作多次强化,即从音、形、义的结合上,多次复习,并注意用多种形式复习,使用一个字的音、形义三者在大脑皮层上形成稳固的暂时联系。这样,书写时就会得心应手,而不会粗枝大叶、张冠李戴了。

6. 男人应具备的 10 种心态

一、成为拿主意的人

真正的男人懂得且尊重选择。他过着他自己想要的生活。他知道，当做出选择时，生命就向前发展，当停止选择时，生命也随之停顿了。

当真正的男人做出选择时，他打开了他希望打开的那扇门，同时关上了他希望关上的门。他就像一枚导弹一样锁定了目标。他清楚，没有任何人可以保证他最终达到目标，事实上他并不需要这种保证。他只是简单地享受按下发射按钮的快乐。

真正的男人不需要别人的肯定。他更希望追随自己的内心。当一个男人能够倾听自己内心的声音时，即使整个世界都在跟他做对，也无所谓。

二、为了你的理想而活着，不要为了某些人而活着

如果一个男人说他的首要责任是他的妻子或家庭的话，他要么是在说假话，要么是太软弱，这种人不能相信。他把忠诚放错了地方。一个男人把个人的价值凌驾于他自己的理想之上是可悲的，他不是一个在思想上自由的人。

一个男人知道，他必须把自己奉献给比满足一小撮人的需要更

成功男人的九大资本

加伟大的事情上去。他不想被驯服,但他希望承担更加伟大的责任和更加巨大的挑战。他知道,当他在伟大面前退缩,他将不再是一个完全的男人。当别人看到他坚持自己的信念毫不妥协,即便是得不到直接的支持,他也至少会获得信任和尊敬。一个男人违反自己的价值观行事时,一定会失去别人的尊敬,也会失去他对自己的尊敬。

生活会考验一个男人,看他是忠于某些人还是忠于自己的原则。会有很多诱惑摆在他的面前,来检验他的信念。当一个男人正直地活着,为了自己的信念而活着,他将会得到丰厚的回报,而当一个男人苟且地活着,没有原则地活着,那他将得到最大的惩罚。无论何时,只要这个男人选择了牺牲掉自己的原则,那他就失去了自由,也失去了自我,最终变成一个可怜虫。

三、愿意失败

真正的男人,是愿意犯错误的。他会不断地尝试,即使不断地失败也无所谓,因为他知道,这比无所事事要强得多。

一个男人的自信是他最宝贵的财产之一。当他犹豫时,当他害怕失败时,他就把自己贬低了。一个聪明的男人可以预见到失败,但他绝不会去无谓地担心。他接受失败,一旦失败,他也可以积极地应对。

男人在失败中比在成功中更容易成长。成功对于他来说不是考验,而失败则可以测试他的决心和毅力。虽然成功对人来说也是一种挑战,但失败却因为充满风险而让男人能从中学到更多。当男人过于小心翼翼,他的生命就失去了活力,他的生活也变得狭窄。

四、自信

真正的男人不会刻意去表现自信,因为他知道自己终将成功。他知道,失败只是一个可能的结果,即使成功率明显不高,他仍然会散发出自信。这不是因为他故意掩饰,也不是因为他不愿承认,而是因为他要证明给自己看,他有超越自我的能力。这些造就了他最重要的两个品质——勇气和坚持。

真正的男人可以被全世界打败,可以被他无法控制的环境击垮,但他拒绝被自卑压倒。他知道,当他不再相信自己,他就一定会失败。他可以向命运妥协,但绝不会向恐惧低头。

五、积极地表达爱情

真正的男人应该积极地给予别人爱,而不是一个被动地接受者。他应该是第一个发起谈话的人,第一个嘘寒问暖的人,第一个说"我爱你"的人。对于男人来说,等待别人率先采取行动是不合适的。在你不打开心胸采取行动之前,这个世界不会主动拥抱你。

男人是发动机。跟别人分享他的爱是他的工作,是他的义务。他必须避免自己依靠从别人那里获得能量,而变成一个能量的释放者,把能量传递给整个世界。当他接受了这个角色,他将会毫无疑问地成为一个真正的男人。

六、让性欲变得合理

真正的男人不隐藏他的性欲。如果别人因为他太男人而在他面前退缩,他将毫不在意。对于他来说,没有任何必要为了避免吓坏害

羞的人而降低自己的能量。真正的男人接受性别赋予他的一切，他从不为自己的天性而感到愧疚。

不过，真正的男人绝不会允许自己被欲望左右。他会把性欲带来的能量分配一些给大脑和内心，让这些能量为更高的理想服务，而不是仅仅停留在动物本能的阶段。

真正的男人会把性欲带来的能量输送给他的内心，为他的理想服务。他会感觉到这种能量在身体里脉动，给他行动的力量。他会为无所事事而不舒服，他让这些能量通过他的内心而爆发，而不是让它们仅仅通过生殖器而爆发。

七、直面恐惧

一个人因为某种原因产生恐惧是非常正常的。恐惧是你将受到考验的信号。当一个男人掩饰自己的恐惧时，他清楚自己在丧失自我。他会感受到软弱，沮丧和无助。无论他怎么努力让自己平静下来，他都无法遏制发自内心的恐惧。只有直面恐惧，他才能获得平静。

真正的男人会同危险成为朋友。在恐惧面前他不会逃避，他转过身，面对恐惧，并由此获得勇气。

真正的男人，要么失败，要么成功，不尝试的人就是懦夫，真正的男人更看重方向是否正确，而不是具体的结果如何。

当一个男人踏上正确的道路，直面恐惧时，他更像是一个真正的男人。当他战胜恐惧时，就像一个在暴风雨中航行的勇士一样，让他更像一个男人了。

八、毫无保留地支持朋友

真正的男人，看到自己的男性同伴做一件注定会失败的事情时，该怎么办？他应该去劝阻吗？不，他应该鼓励他的朋友继续下去。因为真正的男人知道，让他的朋友充满自信地奋斗，从失败当中吸取教训，获得经验，是最好的选择。真正的男人尊重朋友的选择，鼓励朋友去尝试。真正的男人不会否定他的朋友用失败来换取经验。他会帮助他的朋友，但他知道，他的朋友必须不断地失败，才能获得勇气和自信。

当你看到一个男人在健身房里使劲浑身力气举起沉重的杠铃时，你会过去跟他说"让我帮你把它举起来"吗？当然不会！因为这不是在帮他，说得严重一点儿，这是在与他作对。

男人的生命，应该是充满艰难险阻的，应该是失败多于成功的。这些障碍会让他发现什么东西对他来说是真正重要的。通过不断的失败，真正的男人会学会如何坚持追求真正有价值的东西，放弃没有价值的追求。

真正的男人即使被一次次地打倒，也能一次次地站起来。他经历的每一次打击，都是一次精神上的进步，对于他来说，这就足够了。

九、有可靠的人际关系

真正的男人会自主地选择朋友，爱人及其他所有伙伴。他会积极主动地寻找那些给他带来启示和挑战的伙伴，也会有意识地避开那些拖他后腿的人。

真正的男人在遇到人际关系上的问题时，不会责怪别人。当一个关系不再适合他时，他会主动要求分开，既不会责怪别人，也不会抱有歉疚。

真正的男人在人际关系中是可靠的。他会负责人地对待别人，即使别人不负责地对待他，他也会以自己的行动化解这些不和谐。

真正的男人通过他仔细经营的人际关系来告诉别人，他希望和什么样的人交朋友。他绝不让自己的生命充满了不和谐的关系，更不用说具有破坏性的关系，他知道，这些都是一种自虐。

十、平静地死去

男人，只有活得好，才能平静地死去。如何才能活得好呢？他需要接受自己终将死去的事实，并从中获得力量。当一个男人直面无法避免的死亡时，当一个男人把死亡看做是伙伴而不是敌人时，他就能找到真实的自己。所以，真正的男人只有接受了死亡才能好好地生活。

7. 男人心理成熟的标准

一、重视诺言

成熟男人绝对不会出尔反尔，他对自己的每个承诺都相当重视，在许愿之前周密考虑，自己的话是否真能兑现，不能兑现的话他决不说，言出必践。他的每一句话都让你觉得放心、可信任。满嘴跑火车、乱放空炮、迟迟拿不出行动的男人，与成熟不沾边。

二、不夸夸其谈

成熟男人从不随随便便高谈阔论，他会把握适当的沉默，说话声音清晰但不乱嚷。随便喝点酒就把自己的一点小经历、小故事拿来满桌子大讲，不用喇叭半屋人都能听见的，这种男人，最多博听众一笑，谁也不会把你那五花八门的所谓"奋斗之路"放在心里。

三、有学识而含蓄内敛

他们读书，接受新事物新信息，不断丰富自己的内涵。但他们不张扬，他们的才华只在必需的时候才展现出来，决不会为了满足虚荣去刻意卖弄。他们如醇厚的酒，越品越有味道。

四、心胸宽广

成熟男人不斤斤计较，不贪图小便宜，不在乎吃点小亏，不喋喋不休地抱怨这抱怨那。他们的眼光从不被琐碎事务绊住，对于家庭中的小争吵，他们经常是"首先回头的天使"。

五、不以自我为中心

成熟男人尊重自己，更懂得尊重他人。他们善于换位思考，会站在别人的立场上来考虑问题，不强求别人迁就自己，善于同别人合作。凡是"我怎样怎样"的男人，典型的小皇帝脾气，还没长大。

六、勇于承认错误

成熟男人不顽固，能接受不同意见，善于采纳好的建议。对于自己的不当决策，他们勇于承担后果，从不找借口搪塞推诿。

七、意志坚定

成熟男人有处变不乱的心理素质，他们一旦确定自己奋斗的目标，就朝着它努力。遇到挫折，他们分析原因，吸取教训，及时修正方向，但绝不轻易言退。他们会疲倦，但在休整后，又信心十足地出发了。

八、干净整洁

成熟男人尊重自己的外表。他们留最适合自己的发型,下巴干净没有胡子茬,面部不油腻,不留长指甲。衣服不一定要名牌,但整洁大方,不会穿得皱巴巴像个送快递的。他们绝不会穿黑皮鞋配白袜子,穿着西服去旅游。

九、尊老爱幼

成熟男人有爱心,有社会责任感,有中华民族的传统美德。他会给老人和孕妇让座,会给受灾地区捐款捐物,会帮助失学儿童,会义务献血……这些事情他们不一定全做,但他们绝不会什么都不做。

十、有业余爱好

他们不是只知道工作的机器人,懂得用业余爱好来调节自己紧绷的神经,工作休闲两不误,这使他们有情趣。怪不得女人们说:有爱好的男人不容易变坏。

8. 男人一定要懂的22个道理

1. 男人是社会的主体，不管你信不信。所以男人应该有种责任感。

2. 25岁之前，请记得，爱情通常是假的，或者不是你所想象的那样纯洁和永远。如果你过了25岁，那么你应该懂得这个道理。

3. 吃饭7成饱最舒服，与女友的关系上也是如此。

4. 30岁之前要爱惜自己的身体，前30年你找病，后30年病找你。如果你过了30岁，自然会懂得这个道理。

5. 事业远比爱情重要。如果说事业都不能永恒，那么爱情只能算是昙花一现。

6. 不要轻易接受追求你的女孩。女追男隔层纱，如果你很容易就陷进去，你会发现你会错过很多东西，失去很多东西。

7. 请你相信，能用钱解决的问题，都不是问题。如果你认为钱索王道，有钱有女人，没钱没女人，那么，女人不是问题。

8. 请永远积极向上。每个男人都有他可爱的地方，但是不可爱的地方只有：不积极面对生活。

9. 不要连续两次让同一个女人受到伤害。好马不吃回头草是有道理的。如果认真考虑过该分手，那么请不要舍不得。

10. 如果你和你前女友能做朋友，那么你要问自己：为什么？如果分手后还是朋友，那么只有2个可能：你们当初都只是玩玩而已，没付出彼此最真的感情；或者必定有个人是在默默地付出无怨无悔！

11．永远不要太相信女人在恋爱时的甜言蜜语。都说女人爱听甜言蜜语，其实，男人更喜欢。

12．请不要为自己的相貌或身高过分担心和自卑。人是动物，但是区别于动物，先天条件并不是阻挡你好好生活的借口；人的心灵远胜于相貌，请相信这一点。如果有人以貌取人，那么你也没必要太在意。因为他从某种意义来讲，只是只动物，你会跟动物怄气吗？

13．失恋时，只有两种可能，要么你爱她她不爱你，或者相反。那么，当你爱的人不再爱你，或者从来没爱过你时，你没有遗憾，因为你失去的只是一个不爱你的人。

14．请不要欺骗善良的女孩，这个世界上善良的女孩太少。

15．不能偏激地认为金钱万能，至少，金钱治不好艾滋病。

16．请一定要有自信。你就是一道风景，没必要在别人风景里面仰视。

17．受到再大的打击，只要生命还在，请相信每天的太阳都是新的。

18．爱情永远不可能是天平。你想在爱情里幸福就要舍得伤心。

19．如果你喜欢一个她认为别人应该对她好的ＭＭ，请尽早放弃。没有人是应该对一个人好的。如果她不明白这个道理，也就是她根本不懂得珍惜。

20．不要因为寂寞而"找"ＧＦ，寂寞的男人请要学会品味寂寞。请记住：即使寂寞，远方黑暗的夜空下，一定有人和你一样，寂寞的人不同，仰望的星空却是唯一。

21．任何事没有永远，也别问怎样才能永远。生活有很多无奈，请尽量充实自己，充实生活，请善待生活……

22．男人有很多无奈，生活很累，但是因为生活才有意义。当你以为你一无所有时，你至少还有时间，时间能抚平一切创伤，所以请不要流泪。

成功男人的九大资本

9. 中国男人最忌讳的7句话

作家怕听"江郎才尽",保密员怕听"嘴不严",残疾人反感拿身体缺陷说事,那中国男人最忌讳别人说什么?

一、软弱

软弱,常跟眼泪搭档,祖先很早就给咱规定说,男儿有泪不轻弹。言外之意,女子可以豁免,啥时想弹都行。受此约束,长时间以内,男人不敢当众哭泣,伤病委屈不消说,即使看电影感动得热泪盈眶,也顾不得享受崇高情怀,赶紧于黑暗中掩饰。

二、吝啬

亦即小抠、小气。小气鬼很难跟堂堂男子汉的形象挂钩。在中国的男人圈里,如果一个家伙被认定为一毛不拔,蹭吃蹭喝,那他就危险了,很有可能被列入黑名单,日后,谁也不爱"带他玩"。女人小气叫节俭,男人小气叫不是东西。

三、小心眼

注意,也带个"小"字,而且说的是人的关键部位——心。若换一种说法，不以循环系统，而以消化系统论，则是小肚鸡肠。以呼吸系统论，则是气量狭小。总之，离不开"小"。三国里的周瑜，多么出众，年纪轻轻就担当了大任，不料被另一个男人诸葛亮活活夺去了生命财产。令人扼腕的是，千百年来，没人说他是以身殉职，而是笑他心胸太小。

四、嫉妒

跟小心眼是近亲，人人知其含义，不说也罢。需要说的是，嫉妒这两个字都带女字旁，仿佛是女子的专利。一个男人，轻易是不会承认自己嫉妒别人的。

五、娘娘腔

这个就比较厉害了，直接把女同胞拿来形容。类似的说法还有女里女气，贱了吧唧，黏黏糊糊等，均系民间用语，罕见于人事档案或干部考核材料。

六、吃软饭

派生词：小白脸。在中国，吃软饭历来是不光彩的男性勾当。受此观念辐射，一些挣钱比媳妇少，级别比夫人低的无辜男人，身上总是缺乏底气，生怕外界拿他们二人作比较。

七、绿帽子

应是中国对传统男人最重的骂法。元明两代，上头有令，让娼家

成功男人的九大资本

的男子戴绿头巾,延至后世,妻子有外遇的便被说成是戴了绿头巾、绿帽子。流风之烈,害得男人戴帽子,都得谨慎挑选颜色。绿帽子骂久了,犹嫌不痛快,索性就骂乌龟王八。

10.写给40岁男人的18个忠告

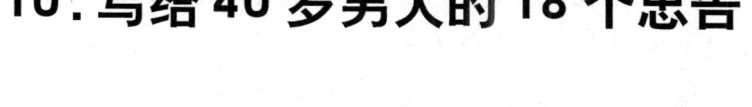

1．四十岁的男人，如果还没有结婚，就别结了。无论是一次未娶还是多次失败，你的身心已经到了不健康的地步，再把这种不健康带给别人是不负责任的。如果可以做到清心寡欲，独自漫步，也能活得自在。

2．四十岁的男人，如果一事无成，就难成了。十几年的教育，二十几年的社会，这些都没整出点动静来，就不要为难自己了。当然，没出息的也有没出息的活法：好吸的抽两根小烟，好喝的咪两口小酒，好玩的打两副小牌，好色的看两张小碟。放低目标、摆平心态，日子也照样能过得舒舒服服。

3．四十岁的男人，如果还没去过K房或者桑拿，最好抽空去一次。倘若在美酒当前却依旧心性不乱，那么，你就真正达到了不惑的境界。不惑是一种高度，是一种层次。

4．四十岁的男人，不要再像二三十岁那样，目不斜视、直勾勾地盯着女士着装暴露的部位。纵使心里波涛起伏，也要注意形象得体。非礼勿视、若非要视、最好斜视。

5．四十岁的男人，如果活得不开心，那估计是要把这份不开心带到棺材里去了。要放宽心胸，成就大小与金钱无关，是否风光无需载入史册。要记住：芸芸众生、人来人往，不是谁都能傲视天下，这其中有命、有运。走过、路过即可，不要耿耿于怀，更不要愤世嫉俗。

6．四十岁的男人，成就过一两件事情很不容易，什么事情都没做成过更不容易。对于那些一事无成者虽然为时已晚,但大器晚成的例子从古至今、跨越东西也比比皆是。只要还相信自己,就值得再去放手一搏。

7.四十岁的男人,别把自己的身材搞得一塌糊涂。臀部下垂和腹部隆起不是四十岁男人的专利。腾出些时间适当运动一下,譬如打打球、跑跑步都能对身心的抗老化起到积极的作用。

8.四十岁的男人,当官的要清廉不垮,经商的要纳税守法,打工的切忌伸手乱拿。二三十岁犯个什么错还能洗心革面、重新来过,四十岁再来次失足落马可就苦海无边、回天乏术了。

9.四十岁的男人,应多尽些孝道,事业再怎么大,工作再怎么忙也要抽出些时间陪老人们吃吃饭、聊聊天,传承中华民族优秀精神的同时,也传递一个家庭互爱的传统,给后辈做出榜样。要记住:你怎么对待你的父母,你的后代就会怎么对待你。

10.四十岁的男人,生活在一个瞬间万变、规则不明的巨大的时代反差里;在一个前不着村、后不着店的年龄中承担着心理和生理的双重变化难免有诸多的焦虑和烦恼。要注重内心修炼,要辨明是非取舍,要懂得照顾自己。

11.四十岁的男人,纵使有钱到了令人发指的地步,也不要去包养什么二奶小蜜。不管是谁征服了谁,最终使坏的都是金钱。而金钱这东西虽然没有长腿,却和有腿的跑得一样快。除此以外,在这个时代,只要你身旁站着一个比你老婆光鲜靓丽却不是你老婆的女人,你就会变得猥琐起来,在旁人看来这不是钱色交易就是权色交易。

12.四十岁的男人,大多已为人父,最好有一两件精彩的人生故事与你的子女分享。这些故事无需惊天动地、鬼哭神泣,但要让你的子女们知道他们有一个并不庸俗的父亲,身上流淌着不寻常的血液。这个信念在他们未来的人生当中会起到至关重要的作用。

13.四十岁的男人,要多参加几次葬礼。人生至此已行将过半,在中途先参观一下终点可以让自己消除恐惧的心理,驱赶过一天算一天的麻痹，得以更加感激生命、感激生活、感激岁月。

14．四十岁的男人，最好每年做两次体检。医疗保险和人寿保险至少要各买一份，要未雨绸缪地为妻子和子女做些安排。四十岁是男人病症高发期，万一不幸需要先行一步，至少能给亲人们留下一份嘱托和希望。

15．四十岁的男人，要远离二十岁的女孩，无论她多么楚楚动人，无论她多么飞蛾扑火。她尚处桃李年华，而你理当知天命、知是非。若真心欢喜，就不要给她一条泥泞坎坷、异常艰辛的道路。

16．四十岁的男人，要有肩膀，要扛得起风雨，要承担得起生活的重负。即使再苦再累，也要给妻子一床温暖的被褥，给孩子一个避风的港湾，给家庭一份不悔的承诺。

17．四十岁的男人，不妨去读一些先贤的书籍。要理解，这浩荡人世之外的玄妙；要领悟，这生命一次又一次的轮回；要看到，这滚滚红尘背后的因果；要畏惧，有一双神秘的眼睛，一直在注视着我们。

18．四十岁的男人，就算到四十了也别怕。如果碰到有80后嘲讽年龄，用王朔老师的一句话回击最淋漓尽致：你们牛什么，不就年轻么？老子也年轻过，可你们老过么？

11. 历史上最标准的16种男人

下文介绍的是男人不得不看的最标准的16种男人。

一、激情男人

迈克尔·乔丹来自纽约的布鲁克林区，后来进入北卡罗莱纳大学学习，在那里，他的篮球天赋开始显现。加盟芝加哥公牛队后，乔丹率队6次获得NBA总冠军，5次赢得最有价值球员（MVP）的称号。两度宣布退役，又两度宣布复出，最终于2003年从华盛顿奇才队退役。据估计，截止2002年，飞人乔丹的财产总数为4亿200万美元。乔丹是美国最伟大的篮球运动员。

名言：我可以接受失败，但我不能接受放弃。

二、才华男人

作为二十世纪最成功的报人之一的查良镛一手为明报社评，一手为新派武侠小说，他的身上体现了冯友兰先生所提出的儒家人格的最高标准："阐旧邦以新命，极高明而道中庸"。金庸先生对于历史的见解至为深刻透析，所著《鹿鼎记》、《笑傲江湖》等著作风行华人世界。他使白话的语言艺术达到了全新的高峰，堪称汉语的奇迹

名言：草木竹石皆可为剑！

三、坚强男人

史蒂芬·霍金,一位残疾人,22岁时他不幸罹患一种可怕的慢性病——肌肉萎缩症。但是霍金并没有向病魔屈服,用安装在轮椅上的电脑教课。毕生致力于解答存在于天文物理界的三大难题:宇宙是怎样形成的?宇宙如何终结?在宇宙爆炸前,宇宙是个什么样子?

名言:当你面临着夭折的可能性,你就会意识到,生命是宝贵的,你有大量的事情要做。

四、魅力男人

周恩来,集中华民族广博的智慧于一身,扬炎黄子孙完美的魅力于中外,具有独特的人格魅力。

名言:我们爱我们的民族,这是我们自信心的源泉。

五、幽默男人

1984年以"跑龙套"身份踏足影视圈的周星驰,已经以其独一无二的无厘头式幽默,一人开创了香港电影的新方向。他无厘头的搞笑方式有独特的魅力存在,而能够以喜剧得到影帝封号的,可能只有他了。

名言:太多了,说不过来。

成功男人的九大资本

六、智慧男人

盖茨被誉为电脑奇才、20世纪最伟大的计算机软件行业巨人。36岁成为世界最年轻的亿万富翁。1999年《福布斯》评选,盖茨居世界亿万富翁首位,纯资产850亿美元,被《时代》周刊评为在数字技术领域影响重大的50人之一。

比尔·盖茨的笑脸和蒙娜莉莎的笑脸一样值得我们去研究研究。

名言:这世界并不会在意你的自尊,这世界指望你在自我感觉良好之前先要有所成就。

七、踏实男人

每一个人都有他自己的生长季节。很多人都已注意到了李嘉诚的幸运,天时、地利,等等。也如很多人注意到的,尽管每一代人都有可重复性,但李嘉诚却是空前绝后的。李嘉诚大概是香港市场诸巨人中少有的出身贫寒者,少有的常青树,在市场和管理的各个领域和各个层面都成功过的佼佼者。

可能用踏实形容李嘉诚并不恰当,但从一个连小学文凭都没有的学徒,到亚洲首富,必定是一步一个脚印走过来的。

名言:信誉是不可以金钱估量的,是生存和发展的法宝。

八、善良男人

雷锋精神曾经影响了一代人,他堪称是共产主义新型人格的代表,也是中国人民解放军整体形象的一个缩影。他所承载的"全心全意为人民服务"的精神是集体主义文化传统在新时期的发展。

名言：人的生命是有限的，可是，为人民服务是无限的，我要把有限的生命，投入到无限的为人民服务之中去。

九、梦想男人

丁磊，中国最年轻的首富。于1997年6月创立网易公司，凭借敏锐的市场洞察力和扎扎实实的工作，网易公司为推动中国互联网的发展作出了重要贡献，同时丁磊也将网易从一个10几个人的私企发展到今天拥有近300员工在美国公开上市的知名互联网技术企业。

名言：世界上投资最少，甚至每天睡觉都可以有成千上万的收入有哪种？网络游戏便可以。

十、霸气男人

中国统一的秦王朝的开国皇帝。嬴姓，名政。秦庄襄王之子。13岁即王位，39岁称帝。自公元前230年至前221年，先后灭韩、魏、楚、燕、赵、齐六国，终于建立了中国历史上第一个统一的、多民族的、专制主义中央集权制国家——秦朝。

横扫八荒，统一六国，始创封建中央集权制之模式，雄才也；筑万里长城，开军事防御之奇思，大略也。

十一、豁达男人

苏轼，一个旷世奇才，士大夫心仪神往的人格典范，民间妇孺喜闻乐道的豪士雅客，有一派刚直不屈的执著风节、一颗善于解脱的智慧心灵和一副眼见天下无一个不是好人的善良心肠。苏轼的魅力

是一个谜。

历经多少磨难,还是那么潇洒豁达,人生的大悲哀在他笔下化成一股豪侠之风,令人荡气回肠。

名言:但愿人长久,千里共婵娟。

十二、志气男人

岳飞,南宋军事家,民族英雄。其母姚氏在他背上刺了"精忠报国"四个大字,这成为岳飞终生遵奉的信条。岳飞善于谋略,治军严明。在其戎马生涯中,他亲自参与指挥了126仗,未尝一败,是名副其实的常胜将军。

名言:还我河山!

十三、英明男人

康熙,清代皇帝,即清圣祖爱新觉罗·玄烨,满族,年号康熙,故亦称康熙帝。是中国历史上在位时间最长,而又功绩卓著的著名皇帝。

他在位时期,智擒鳌拜,剿撤三藩,南收台湾,北拒沙俄,订《尼布楚条约》,西征蒙古,兴修水利,治理黄河,鼓励垦荒,薄赋轻税,爱民如子。

名言:学以养心,亦所以养身。

十四、野心男人

拿破仑,这位天才军事家,在他壮烈的一生中,打过无数次的胜仗。他将法国带到了巅峰时期,成为盘踞欧洲的霸主。

名言:"不可能"这个词只有在傻瓜的字典里才能找到。

十五、骨气男人

李小龙,虽然他英年早逝,年仅33岁.但他在好莱坞浮沉数载,四部半带有革命性质的功夫影片傲然出世.让全世界为之惊服。"我是一个中国人!我为了替中国武术争一口气!"他的夙愿终于得偿,而由之引发的全球功夫狂热至今不退。

名言:我绝不会说我是天下第一,可是我也绝不会承认我是第二!

十六、浪漫男人

李白,字太白,人称诗仙。母梦长庚星而生。通诗书、喜纵横术、击剑为任侠。其诗风豪放飘逸洒脱,想象丰富,语言流转自然,音律和谐多变。他善于从民歌、神话中汲取营养素材,构成其特有的瑰丽绚烂的色彩,是中国浪漫主义诗歌的高峰。

名言:人生在世不称意,明朝散发弄扁舟。

第八章　男人的婚恋资本
——爱情是你温暖的港湾

我们生活在一个婚姻和爱情光怪陆离的时代：试婚、闪婚、离婚层出不穷。但是，无论爱情怎么变，真爱是永恒不变的主题，什么都可以试，但幸福不可以试；什么都可以求新求快，但生活却只能脚踏实地地过。婚姻对于人生，它本身就是一种资本，你身边的那个"她"就是你漫漫人生路上最亲密的伙伴和战友。

成功男人的九大资本

1. 男人吸引女人的魅力

一、真实

实话最好说,不假思索,怎么表达都是真的;谎话最难讲,怎么编也编不严实,不小心就说漏了。故意做作也是很难的,怎么做也不像真事儿。因此,丈夫大可不必自己找罪受,自己为难自己,到头来也失去了妻子的信任。所以说男子要有真实,真实,是最有力量的表现,最有信心的表现。

二、深刻

许多知识分子和大龄男女青年,都有同感:正因为深刻的男性少有,所以才显得男性的深刻最有魅力。"思想深刻"要比1.80米的大个儿,比研究生的学力,比处长部长的头衔,比万元户的钞票更有吸引力。

三、胸怀

有胸怀的丈夫,让妻子感到放心,感到安全,所以平时生活比较轻松,很少惧怕什么,能够完全展示自己的内心世界,因为她们自信即使自己想错了,做错了,丈夫也不会抓住不放,不会不谅解。

四、敢为

一个男子汉至关重要的品质是敢作敢为。男人的哲学是行动哲学,男人嘛,要敢于把自己的想法付诸行动,不能像瘸子打围——坐着喊;也不能像书生,只会纸上谈兵。敢为包括:敢想、敢讲、敢做、敢胜、敢败、敢爱、敢恨、敢战斗,又特别能战斗,"大丈夫敢作敢为"嘛。

五、风度

这一点也是很重要的,品德再好,作风再正,内心世界再高尚,若没有风度也难打动女人的心,但风度并不排斥个性,风度与人的气质相联系,是依赖于生理素质的,代表着一个人的人格倾向,而且与职业也有很大关系的。对于男人来说风度是一种成熟美,女性最欣赏的是男人的成熟。

六、机灵

好女人都喜欢"坏男人"。越是嘎小子,越是机灵鬼儿,越有人爱。不是有句传统话叫"男人不坏女人不爱"吗,"坏"小子的魅力,还在于他们的神秘,他们做事奇特,也不多做解释,思考问题的过程不合盘托出,而只是给人最后的结论。这样的机灵丈夫使妻子感到深奥,男性的这股"鬼精灵"劲儿再加上他们的好品质,将对女性有着极大的吸引力。

七、幽默

英国首相丘吉尔有一名名言:"除非你理解世上最令人发笑的趣事,否则你便不能解决最为棘手的难题。"很有风趣的丈夫,大多是十分乐观的人。具有积极向上的人生态度和百折不回的精神,这样的丈夫,受到挫折,遇到逆境,也决不愁眉苦脸,仍然是打趣、逗笑别人,使人不感到逆境的压力,使沉重的生活显示出轻松,减少烦恼。

八、进取

有位大哲学家曾说过:聪明人创造的机会,比他们找到的机会多。男子汉的进取性,应该表现在生命的每时每刻。铺成人生大道的每一块砖上,都写着三个字:起跑点。男子汉,什么时候起跑都不算晚,关键是要有进取心。

九、浪漫

卡耐基著的《成功之路》一书中,有这样一段名言:许多罗曼蒂克的梦想破灭了百分之五十以上的婚姻不幸福。不是常说"婚姻是爱情的坟墓"吗,婚后夫妻生活和恋爱时的区别在于缺少浪漫,所以好丈夫应该具有浪漫色彩,这种浪漫型的丈夫非常有吸引力。

十、冒险

有人说,成功的模式只有一个:冒险。女性和男性相比,女性更缺少冒险精神,但她们却希望自己的丈夫敢于冒险,妻子喜欢冒险的丈夫，因为那将有一种神秘、危险、探索的意味，令人神往，这样可以使妻子的"好奇心"得到满足，还会感到"够刺激"从而使女性迷恋。

第八章　男人的婚恋资本——爱情是你温暖的港湾

2．男人如何赢得爱人的芳心

　　美国作家华尔特·汤恩指出："征服女人，精明的男人无需花费任何钱财，笨拙的男人则靠金钱，最差的男人靠暴力。"为什么呢？因为女人生来性格纤柔，仿佛"又柔又软"的蜡烛，当女人倾心于一个男人的时候，这个男人"要把她捏成什么样，就总能捏成什么样"。但是，一个平常的男人，要能够得女人的倾心，那就不是一件容易的事了。

　　在日常生活中，我们不难看到男女交往的一幕幕情景——无不是男人先追女人，而一旦女人被男人"抓住"了之后，就反过来，女人要追男人了。由于追女人比被女人追的更应该有学问，所以，很多男人的心都是投注在前者，而对后者的思虑就显得潦草了。一般说来，当男人和女人的交往被界定为某种特定的单独意义时，男人对女人的征服欲便随之产生了。而女人假若对某一个男人已作出肉体为代价的奉献，她便不依不饶他的轻薄了。因为她已经"将一切都交给了他"，只要他能接受，她终身依傍他也无怨无悔。女人一旦到了这种境地，她无疑便成了被男人征服的对象。但凡从男人追女人到女人追男人，也就是完成了男人征服女人的整个婚恋过程。这种说法，恐怕套在任何一个社会制度的国家的民俗风情都能够适用。

　　男人赢取爱人芳心的方式大抵可分为两点：第一点是以感情征服；第二点是非感情征服。

　　感情征服：感情征服是所有的女人都乐意接受的征服方式。人是高等动物,人是善于思考和分析的。凡是人,要完成任何一件大事小事都无一不是要通过行动的遥控中心——大脑的思维。聪明的男人善于寻找"共同语言"的对话形式去感化女人,使女人在和他的谈话中对他渐渐产生亲密无间的信任感。这种谈话的接触无异于向女人撒去一道情网,让女人心悦诚服地往网里"钻"。

古罗马哲学家奥维德曾说过:"首先,你要坚信你钟情的女子可以到手里,你要取得她,只管布你的网就是了。假如女人不容纳你的挑逗,春天会没有鸟儿的歌声,夏天会没有蝉的叫声,野兔会赶跑梅拿鲁思的狗。当你以为她还是不愿意的时候,其实她的心中却早已被你俘虏了,但只不过是暗暗地想你罢了……女人一贯是将她们的心情掩饰得很好的。"

男人和女人相处当中,男人通常扮演的"先入为主"的角色。男人也愿意扮演这种角色,男人根据所相处的不同性格的女人制定相应的感化步骤,既要动之以情,晓之以理,又要让女人在男人恰到好处的感情攻势下解除防御的武装。当然,这种解除武装是她自觉的、主动的和下意识的,而不是漫不经心的,缺乏理念和理性所支配的。

奥维德还曾指出,男人要在感情上征服女人,他应当不吝于"大胆地发誓,以此牵动一切的神祇来为自己的诚恳作证,因为牵动女人的最大征服力是誓言。"但是,誓言必须是真心的,而不是为了虚情假意而装出来的,男人"演戏"的天才毕竟不如女人高超,虚情假意的"演戏"有失之矫揉造作,而且很容易被女人一眼看穿。男人一旦被女人看穿其虚假的一面,那么,他在她面前曾经所付出的一切努力就前功尽弃了。男人通过感情的投注征服女人,这是接近两性感情世界的最好的方法方式,也是女人最能接受的方法方式。

非感情征服:非感情征服是男人赢取爱人芳心中消极的一种手段。这种手段是不以感情投入作先决条件的。男人要征服女人,仅仅出于某种欲望的需要,那就只要回溯到蛮荒时代以前的所有动物(包括人类)的非理性的行为。男人一旦征服女人的意念超乎了理

成功男人的九大资本

性,便毫无感情而言,而是出于一种"机械"的臆动,这类男人征服女人的方式方法充其量无过于金钱和暴力两种。金钱乃身外之物,暴力更是强者对弱者最惯用的征服手段。

对明智、有头脑的女性来说,以金钱作诱饵不啻是对她人格的一种羞辱,以暴力强人所难更是"狼食羊"的翻版。所以,用金钱或暴力以期达到征服她们的方法方式是不可能如其所愿的;但就性格柔弱,与生俱来对男人持恐惧又迷惑心理的女性来说,以金钱和暴力来征服她们则是心术不正的男人易如反掌的事。

但愿意以这种形式被男人征服的女人仿佛不长翅膀的鸟儿,她一生一世也飞不出鸟笼儿。她的命运只有在非感情的纯物质环境中过着逆来顺受的日子。以这种形式征服了女人的男人更是不知究竟感情为何物,在他们眼里,有钱什么都可以买,何况一个两个女人?所以,一旦他们看上那个女人,并想拥有她时,他的第一反应便是"金钱铺路"大摆其豪气,以珠宝、金银首饰来征服一部分女人的虚荣心,孰知以金钱搭路结合的男女却往往给婚姻埋下一颗不幸的苦果,因为他们是没有感情作基础的。

夫妻之间若没了感情,什么沟通和交流,一切都将成为空话,夫妻关系也就名存实亡了。再说那种实为外强中干,却很会在女人面前表现一种征服者的霸气的男人,其内心是非常空虚的。有的女人将这种男人说成"四肢发达,头脑简单",他们对现实生活中的女人缺乏感情投入的能力和技巧,但又十分欣赏自己的力量,所以,他们对自己所满意的姑娘最大的欲望就是三下五去二,以暴力强制对方就范。可见,以非感情的征服女人的男人是缺乏理性的。

说到征服女人,男人喜欢炫耀自己的财富、身份和强健,其实在男女追逐的游戏中,这些都不过是些外在的按钮而已。如果没有精确的操纵法门,男人可能连起点都找不到。情场从来不讲情面,经验的传授也不是爱情的动力,但是记住5大法门能够让女人爱上你。

一、勤快，做事及时到位

男人也许不明白，在女人眼中，男人的好坏多半要依据他们的具体行动来评判。这也是为什么男人在对女人说"我爱你"时女人表现得那么平静，甚至反问"真的吗？""爱有多深？"的缘故。因为男人的嘴远远超越了他们的腿。如此轻率的结果当然不足以让女人信服。就好像你只告诉一个人他中了六合彩却迟迟没有把中奖通知书交到他的手里，他永远不会觉得自己是个百万富翁，也就不会为了你的口才付给你100元讨彩费。

事实上，女人在反问"真的吗？"或"爱有多深"时并不是真的要求男人给出什么完美的答案。她不过是在表达自己对这份感情的疑惑，希望以此来确定爱情的真假罢了。假如男人在准备说出这三个字之前，能够及时到位地做一些实事，没有哪个女人会坚持着不倒在男人的怀里。有时甚至不需要说出来，爱情也会迎面扑来。

案例：张力是羞涩的男孩，后来娶了一个漂亮的空姐。当他的太太在婚礼上谈到他们的恋爱史时说："虽然他从没有对我说过他爱我，但我心里知道，因为我每次回家，不论什么时候他都会主动接我。"

二、果断，不容分说的决定

女人的优柔寡断是男人经常领教而倍感头痛的事情。

跟女人逛商场时她们会为了一块桌布而不停地挑三拣四，等到好不容易决定买下来了，刚刚走出门就开始后悔。而在感情交往中她们同样顾虑重重。男人希望是从她们那里得到一个肯定的答案简直是种奢望。这种情形其实显示了女人的一种心理畏惧感，是女人因必须为自己的行动负责而产生的恐惧。她们害怕做出错误的决定，担心自己无法承担由此产生的责任。

所以，当男人需要表达自己的愿望时，应当果断些。例如：找女人去旅行时，与其问她："下次一起旅行好吗？"还不如以断然的口吻告诉她："下次一起旅行吧！"这样，女人答应下一次赴约的可能性将会提高很多。如此果断的决定表面上看来有些粗暴，实际上既体现了男人做事干脆的性格，又帮助女人解决了那些始终悬而未决的问题。

对女人而言，男人若是将自己的行动视为理所当然之举，那么即使女人心里仍然有些抗拒感，结果也会很自然地产生"服从他是理所当然"的想法。按照最新版的女性心理报告，女人本质上仍然存留着她们祖母那样的心理依赖，她们可能不再说"都听你的"之类小鸟依人的话，却无法摆脱她们在一些事情上对于男人决定一切的渴望。

三、聪明，善于利用小道具赢得大奖品

爱情没有捷径，但聪明的男人肯定可以事半功倍。

如何让女人爱上自己的问题实际上就是如何打动女人的问题。而要打动女人这种多愁善感的小动物，则必须特别注意细节。

天天送花司空见惯，缺乏创意；买首饰、衣服庸俗不堪。只有女人想不到却永远忘不了的布景才能深深地打动她们——须知"爱情是聪明男人的奖品"。

案例：8年来，玛丽一直没有答应男友的求婚，但在她29岁生日晚宴上，她终于决定嫁给这个男人。你猜为了什么？因为她收到了一根她与男友相识时她的长发。要知道她已经在6年前就剪成短发了。

四、好记性，牢记女人的所有细节

女人通常比较关注生活中的琐事，她们的世界几乎总是由众多的芝麻小事构成。而男人偏偏不太在乎这些东西。以服装为例，女人对自己有几种颜色和款式的衣服一清二楚，男人则连自己有几条内裤都无法确定。

如果当女人不经意地说出自己的某项嗜好、预定去做的事、过去的经验等，被某个男人偷偷记下来，并在适当的时机提起，女人往往会受到很大的感动。因为她们认为男人是不可能记住这些琐碎的事情的，所以就将男的做法自以为是地解释为对自己的关注。"他忘记了别的事情，只记得我的事"，甚至暗自窃喜"他有多么关心我"！这种感动很容易转化成对男人的强烈的信赖和依恋。

五、承诺，勇于承担责任

女人理想中的男人首先应当是一个勇于承担责任的人。这包括对爱情的承诺、对家庭的承诺、对未来的承诺，几乎所有女人关心的问题都是男人需要给予承诺的事情。

因为在女人看来，承诺象征着男人对她们的重视程度。女人可能从来不幻想男女平等，但她们决不放弃争取她们在男人生活中的重要地位。男人给予她们的承诺，等于认可了她们需要的位置。承诺也代表着女人希望的一种契约关系的形成。婚姻也好，同居也好，女人的理想化使她们相信承诺远大于相信法律。承诺还强调了男人所能提供给女人的保护。女人都是容易受惊的动物，她们用一生寻找的爱情在某种程度上不过是一个避风的港湾，一种可以依赖的安全岛。

成功男人的九大资本

日本有句俗语：一推二推三再推！女人可不像大排档里的凉菜随叫随上，在女人交往的过程中没有足够的耐心和坚持到底的毅力是绝对不行的。她们拒绝男人时的心理其实很简单，或者心里愿意却不愿马上表态，或者心里尚在犹豫不决，或者根本不想答应。后者暂且不去管它，前两者却是十分需要努力的。因为女人在拒绝后，心理会显得很脆弱，这里开始第二番进攻的成功率相当高。第二次不行就来第三次。如此一来，即使女人依然感到迷惑和犹豫也容易在心理上产生被动的服从倾向，甚至可能因为"你既然都这么说了"而答应你的追求。

3. 教你如何谈恋爱

很多时候男人们都没有搞懂一件事情，女人要的就是安全感，所以她才肯跟着你，为你洗衣做饭，一辈子守在你身边不离不弃。但是，安全感毕竟太虚无缥缈，可能不少男人又会郁闷——我怎么知道怎么样她才有安全感？尤其是现在的都市女性，看了太多的悲欢离合，安全感似乎成为奢侈品。一个女人的幸福感往往与安全感是联系在一起的。所以，一个男人如果能让女人有安全感，那么你的感情就成功了大半。

一、要懂得尊重女方

不要太多地干涉对方的选择，最好鼓励她发展自己的专长，因为每个人都是一样的，如果做的是自己不喜欢的东西，是不会有激情和干劲的，你觉得好，未必她认为就是最适合自己的。现代好男人的一条重要标准是，尊重所有的女性，包括仅有一面之缘的人。

二、温暖的肢体接触

为何女人都爱挽男人的手？因为这样亲密，让人感觉踏实。人其实都有身体的接触欲望，男人女人都一样。掌心、怀抱的温暖，是最令女人印象深刻的，远比什么钻石更能记住一辈子。她一般在想

起你时，多半是想起你的怀抱，所以，不要吝惜拥抱和十指交缠。

三、适时的嘘寒问暖

关心体贴，每个女人都很受落，但是过分的关心只会让她不胜其烦。她苦恼的时候你好好充当垃圾桶的角色就可以了。有时女人需要的，只是一个能够诉说的对象，说完了就释放出来了，并不一定要求结果。尽量记住她和你提过的朋友的名字，在她遇到困境时，给予你能想到的最好的建议。

四、让她的家人朋友都欣赏你

长辈们实在是厉害，眼睛超毒，如果你能赢得她家人、朋友的欣赏，简直就打通了一半。因为女人通常都很容易被身边的人影响，有赞赏你的人，在很多事情上你都会得到很多帮助。

五、尽量做到胸襟开阔、宽容忍让

虽然现在很多男人因为原先在家就是小太阳，事事要求公平，但是，毕竟女人需要哄，所以请不要太意气用事，如果不是涉及原则，先让步，只有让你们的矛盾平和下来，两人才能冷静下来，再寻求一个解决方法。

六、善待对方的宠物

女人们都觉得，喜欢小动物的男人心地善良，能照顾好宠物，肯定也会照顾好自己的家人。如果你实在不喜欢小动物，但是你也不要表现得太明显，可以以婉转温和的方式告诉她，你对毛发过敏之类的理由比较容易被接受。

七、要有运动爱好

有某种运动爱好的男人，较容易找到情绪的出口，你让她感觉到是和一个心中有热情的男人在一起，会让她对生活充满信心。没有一个女人喜欢和只爱喝酒发泄的男人整天生活在一起。

八、让她觉得向你倾诉是安全的

如果一个女人能开诚布公地与你沟通，说明你在她心中是有一定地位的。但是你最好懂得什么时候该说话，什么时候该闭嘴。不要害怕表达，可以适当地和她分享你的感受和想法，这样她会觉得你是站在她这边的，内心就会更加依靠你。要让她确信，你不会因为她表达出内心想法而嘲笑她。

九、搞清楚和女性朋友的分界

无论男女，都应该有自己的朋友圈子，但是玩暧昧的男人肯定是让女人最为痛恨的。如果你对别的女人不好意思拒绝，那么，迟早她就会毫不可惜地拒绝你。说是虚荣心也好、没安全感也罢，总之，她们都希望自己的男人能始终出现在自己的视线当中、听力范围内。你可以让她知道你来往的朋友是谁，但是你们可以事先沟通好，大家可以在信任的基础上互相给对方空间。适当的时候，给点甜蜜的话吧，很多时候，女人就受你这一套。

成功男人的九大资本

4．男人为什么总在乎女人的过去

有很多男人对女人表示："没关系，我爱的是现在的你，对你的过去并不在乎。"其实，这完全是自欺欺人的谎言。男人会永远在乎女友的过去。

日本现代著名作家高见顺的小说《生命树》里有这样一段情节：某酒吧女招待交上了一个男友，此人想方设法了解到她过去曾有一个情人，并被其割破了脸。于是，当此人夜里梦见她与旧情人同床共眠，便粗鲁地摇醒她并质问道："你一直都在想着他，他身上一定有什么特殊的东西吸引你！"这个女招待伤心地说："他只不过割破了我一块脸皮，但是，你比他更残忍！"

许多男人在跟恋人关系发展到一定程度后，都会这样询问："你跟我来往之前，喜欢过谁？他是干什么的？""那是多久以前的事？你们的关系发展到什么程度？"这种追问的口气，有时厉害得像是个"辨其扑朔，澄其迷离"的办案刑警，有时却柔和得像慈祥的祖母。这就是男人！这种对女人的过去纠缠不休的习癖，到底是由何而来？

当双方都陷入情网时，女性对探索男人的过去兴趣不浓，而男性对女人的过去，却兴致勃勃，不问个水落石出，是不会甘心的，为什么男人有这样的心理行为呢？

第一,男性妒火之烈超过女性

有人认为,嫉妒是女性的专利,这实在是一种错误的观点,许多男性的嫉妒之心更甚于女性。莎士比亚有一部名剧叫《奥赛罗》,其主人公奥赛罗因为猜忌其妻子与其他男人有过来往,竟然活活将其扼死。

第二,男性的独占欲望极强

假如目前她已是他的女朋友,但男人对眼前这种独占犹感不足,就连她的"过去"也想据为己有,即使明知这是不现实的事,也硬要如此,这种欲望如果达到恶胜膨胀,就会产生一些不正常的现象。例如,女友跟他的家庭、朋友亲近,他就一脸不悦,甚至看她喜欢一只尖嘴狗,他也要拉下脸来。也就是说,只准她关怀他,最好丝毫不关心他以外的任何人。这种近乎变态心理所产生的结果,有时很吓人的。

意大利象征主义诗人邓南遮,在他的代表作《死的胜利》里就描写了这样的一位男主角,他为了永远占有女主角,竟然逼她与自己一起殉情。许多当代青年知识分子,对建立家庭之后生孩子感到很恐惧,他们认为一旦有了孩子,妻子就会把对自己的感情的大部分转移到孩子身上,这是他们不情愿的。许多男人竟然认为孩子是影响夫妻感情的"第三者"。由此可见,男人的占有欲强烈到多么惊人的程度。

第三,许多男人认为,探究女友的过去,是自己的一种权利

所以,他们百般盘问女人的过去而丝毫不觉得自己度量狭小,而不觉得难为情,这样的男人比比皆是。而女性则不同,她们只重视男朋友的现在和将来,对他们的过去,虽然也感兴趣,但不像男性那样爱刨根问底。她们或许这样想:"就算他过去有过什么风流逸事,把它挂在心上又能怎样呢?还不是白费精神!"女人之所以能有这种宽容心理,主要是因为社会对男人的宽容影响了她们。

传统的社会观念对男人的要求不是那么严格,男人可以讨几房太太,男人可以上妓院,男人可以捧旦角,以至于女人对男人的风流只能睁一只眼闭一只眼,只求对自己好就心满意足了。现代女人对男人的认识还留有过去的影子,要说有进步,就是要求男性现在和将来相对安分守己一些,而对男人的过去,一般就不去追究了。而传统社会对女人的要求却严格到苛刻的程度,以至于到现在还有大量男人认为自己有权知道爱人的一切生活经历。

因此,我们经常可以看到这样的现象:一个很好的女孩可以嫁给一个过去很坏的男人,而一个男人却不会娶一个过去很坏、而现在却非常好的女人。这就是说,女性的"水性杨花"或不守规矩并没有受到男人的宽容,男人的思想里面藏着这样一个为社会公认的观念:男人所娶的妻子必须在过去、现在以至将来都是纯洁的。

一些女性常常有这样的疑问:"自己失足的过去,是不是该向对方坦白?"坦白的结果很可能是惹出更多麻烦。当然,最理想的方法应该是婚前彼此坦白,获得谅解后再论及婚嫁。道理虽然如此,但残酷的事实却往往粉碎了许多纯情女孩的美梦!婚前听到女方的坦白,而情感发生动摇的男人并不少见。在小说《德伯家的苔丝》中,当男主角于新婚之夜听到苔丝失身的经历时,当夜就离家出走了。虽然后来良心发现,又回到了苔丝身旁,但苔丝的命运已经发生了大的变化,其悲剧已不可避免。因而,有过失身经历的女性,完全可以不告诉对方自己的过去,而不必去经受良心的谴责。试想,一个男人,如果你欺骗了他,他会感到很幸福,而你如果揭穿了事实,则会强夺了他的幸福。相比之下更道德的,应该是前者。

　　男人如何看待探询女人的过去,这是他们的一种权利,如果是这样的话,那么,对男性隐瞒自己的过去而不讲真话也是女性的一种权利。

第八章　男人的婚恋资本——爱情是你温暖的港湾

成功男人的九大资本

5．男人要把妻子永远当作情人

当你牵着心爱的女孩步入婚姻的殿堂以后，玫瑰色的温情就会被平淡无奇的家居生活所替代，风花雪月更多的变成了油盐酱醋。而在恋爱季节的如雾如烟的女孩则成了你朝夕相处的妻子，无情的岁月把妻子的光环慢慢地磨去，对你的吸引不再强烈，曾经浪漫的爱情似乎已失去。这是谁也无法否定的客观现实。

在这时，聪明的已婚男人为什么不把妻子当成永远的情人呢？为什么不给平淡无奇家居生活添加点浪漫的"巧克力"呢？

要明白，爱情的浪漫不仅仅在春天一季，每个季节都有温馨的时刻。作为男人，不应只在婚前体贴、爱护妻子，也要在婚后愈加关心、照顾她，时刻把她放在心上。

其实，妻子和情人一样，有丁香一样的幽灵，有兰花一样的淡雅，有玫瑰花一样的温馨，有菊花一样的气质，有梅花一样的风骨。但她只开在你的眼前，你的心里。在你孤独寂寞的时候，她就悄悄地停立在你的视野里。她会让你忘记一切世俗的烦恼，淡忘一切的忧伤，去除繁杂的琐碎。欢快时让你更加浪漫，焦虑时给你一份恬淡，伤感时带给你一丝轻松，心无定所时呈现给你一片温馨的园地。让你的麻木感觉又充满了活力，仿佛坚硬的心灵又流动出柔情，陪你一起走过生命的旅程。把她的柔媚、温馨、善良、清新、浪漫和神秘，美丽的心灵全给你。

那么，作为一个中年已婚男人，就请把感谢送给你的妻子吧！她为你付出了那么多，理应得到你的关怀。在情人节的时候，不要忘记给妻子送一束鲜花；在清晨第一缕阳光照耀的时候，不要忘记给妻子一个轻吻；在你出旅归来，不要忘记给妻子捎一件时装或者一件小小的饰物；在居家的日子，要多帮妻子干一点家务；下班晚了，要风雨无阻的去接送妻子；有事不回家，要给妻子捎句话，不要让妻子独守空房。

把微笑送给妻子。不管在外有多么累，也要给妻子一个微笑，这不是欺骗，而是给妻子一个宽容稳定的心理空间。你的微笑是春风，她为你所付出的一切，这在这会心的微笑中，得到了最大的满足。

把美丽送给妻子。你要复苏妻子对美的追求，陪着她到美容院去做护理，陪着她去欣赏音乐会，陪着她去逛步行街，陪着她去跳舞，陪着妻子去健美，陪着她渡过每刻的休闲时光，让妻子从忙碌的家务里摆脱出来，让妻子有时间去爱美；你还要学会欣赏你的妻子，她在你心目中，是永远的维纳斯，对妻子每一个生动之处，都要给予一个轻轻地赞美，让妻子的心空，时时漂浮着美丽的云朵。

把理解送给妻子。容许心爱的人有一份心灵的秘密，不要强行打开她的心灵之锁，给妻子一个独自思考的空间，让妻子保持一份女孩子时期的无拘无束。

把妻子当作情人，这不仅仅是爱的技巧，更是爱的一种最高境界。只有这样，中年男人的生活才会更稳定、更安全、更幸福。

成功男人的九大资本

6. 男人要远离9种女人

大家都明白,不少女人要靠男人拼命追求才能到手的,其中甘苦只有当事人自己知道。但说实在的,正如现在好男人不多了一样,好女人也快变成珍稀动物了,好多出身和经历复杂的女人你不得不防。

一个好女人比好男人更好;一个坏女人比坏男人更坏。因此告诫一些好男人在追求女人的时候,好女人你当然不能放过;但如下9种女人你是碰不得的,否则将会后患无穷。

一、爱钱如命、贪得无厌的女人

这类女人仗着有几分姿色到处骗吃骗喝骗钱,有的男人犯贱心甘情愿地给人家花钱不提也罢;但好男人可要当心了,跟这种烂女接触多了,你迟早会倾家荡产的;因为你要明白这种女人只有贪官才能养得起,你手头没有个千八百万的最好别碰人家。

二、受过伤害难以痊愈的女人

这种女人十分值得同情,因为少不更事走了眼,所托非人,被坏男人活活抛弃,结果一年被蛇咬,十年怕井绳,和她们交往你会很累的,因为别的男人伤了她,却要你来买单;在她们心目中,世界上已经没有好男人、好男人已经死光了。

三、你的女老板和女上司

这种女人能爬到今天的高位都不简单,你不要低估了她的能量;这是极有心机和手腕的女人,除非你是情场高手、是"万人迷"式的男人,否则的话请你尽快抽身,因为一般男人根本不是她们的对手,充其量是人家的面首。

四、有夫之妇

不管人家夫妻是否失和、生活是否幸福,你都不要瞎掺和,因为你不晓得人家老公是啥脾气禀性,万一哪天你们这对"野鸳鸯"偷欢时被人家逮个正着,轻则借此为由敲你一笔、重则将你阉割或者送你上西天,到时你就悔之晚矣。所以当你打起已婚女人的小算盘时,一定要多听听那个曾经是出租车司机最爱的歌星唱的《冲动的惩罚》。

五、学者型的女人

这种女人一般戴着厚厚的高度近视眼镜,被异性尊称为第三种人,这种女人已经失却了作为一个女人的基本性征,因女人味丧失殆尽,在男人心目中早变成一个符号。尽管如此,她们自我感觉十分良好,防男人就跟防贼似的,极其敏感而又多疑。和她们接触只能局限于工作上的来往,否则一不小心告你个性骚扰,让你吃不到羊肉反惹一身骚,这样的女人千万别沾。

成功男人的九大资本

六、女诗人女作家女记者女主持

　　这类女人小有才气，小有气质，不甘寂寞，社交活动广泛，社会联系密切，经过风雨，更见过彩虹。成长过程中得到过文联、作协领导老师和报社、电视台老总的热情"关照"，你不是第一个，更不是最后一个。当然，你死活想做用"下半身"写作的美女作家们的老公，那也不拦你，不过请你记住，这类女人不仅仅是你一个人的宝贝，她们更多地属于读者、观众和她们的老上级和老领导。

七、进城务工的打工妹

　　这类女人一年土，二年洋，三年变成四不像。农村姑娘的单纯和朴实她们已经没有了，但城里女子的时髦和洋派她们又学不来；花花绿绿的城市又是个大染缸，如果你追她，备不住她就是下一个"欲望女神"，你信不信？

八、归国女留学生

　　这类女人见过世面，开过洋荤，背景复杂，思想前卫，说不准啥时候叫你玩个３Ｐ，老土老土的男人最好离她们远点。

九、单身老女人

　　她们已经没有青春了，但不甘心失去自己的阵地，涉世不深的小男人有可能被她们拉下水，美其名曰：姐弟恋。糊里糊涂地把一个处男最宝贵的初夜和处恋给了人家，自己还一厢情愿地以为这是美好的爱情，你说傻不傻？

7．男人必读的女人心事

有人说，男人是理智的动物，女人是感性的动物。可能正是男女的思维方式的不同吧，女人的好些心事男人都无法理解或者理解失误。

尤其是那些喜好时尚的女性，她们的想法更让男子们迷惑不解。

一、礼物要浪漫还是实惠？

男人困惑：在三八妇女节这样需要送礼物的日子里，是送浪漫还是实惠的呢？

场景："三八"晚，老公一进家门，便送给老婆一束玫瑰。妻子说：这束花得花多少钱？还不如带我和儿子去大吃一顿……还有啊，你欠我一条铂金项链哟！老公的笑脸顿时凝固！

总结：女人有时候是物质动物，尤其是经历了长年的婚姻的洗礼之后。面对这种情形，丈夫倒不如给她点实惠！

二、浪漫到底要不要观众？

男人困惑：浪漫完全是我和女友两人的私事，但女友为什么总想找几个观众？

场景：办公室的两个女孩同一天过生日。清早，一女孩的男友送

成功男人的九大资本

来了11朵玫瑰和一张生日卡,尽管礼物老土,还是引起了小姐妹的欢呼。另一个女孩如坐针毡,终于熬到下班回家,远远看见那个傻瓜捧着玫瑰站在自己家门口。

总结:浪漫需要观众,锦衣切不可夜行穿,虚荣是女人们无法治愈的通病!在大庭广众下,普通的礼物也能身价百倍。

三、恶作剧是情调还是无聊?

男人困惑:为什么在普通的日子里,女人也喜欢把愚人节的项目拿出来考验男人,让人头痛?

场景:陈先生回到家,发现妻子留了一张纸条:亲爱的,我今晚和同学聚会,不回家吃饭了。陈先生于是狂打电话,约狐朋狗友到家里来狂欢。电话打完,突然发现妻子蹑手蹑脚从卧室里走出来:"哈哈,原来我不在家时你这么开心啊。"他气得目瞪口呆,她笑得前仰后合。

总结:用恶作剧逗自己的男友或丈夫是女同胞的拿手的娱乐项目。它不仅是一种有情趣的游戏,还兼具考验和考查作用,如果你沉不住气,有可能就此被"烤煳"。

四、电话追踪是不信任还是关心?

男人困惑:让我没面子的事莫过于与朋友出去玩,老婆的查岗电话搅得哥们兴致全无,她还美其名曰关心我。

场景:一帮女人在歌厅唱歌,过了午夜12点,大家的手机轮流唱响,可小丽的手机一直沉寂着,大家说你老公对你可真放心。回到家,小丽问老公为什么不打电话给她,老公说我每次出去,你总打电话问我几点回家,我觉得很烦,所以你出去我就不问,表明对你很信任。小丽说："你让我很没面子，好像我是个没人关心的女人似的。"

总结：男人讨厌被女人追踪，女人喜欢被男人追踪；男人认为女人狂问他几点回家是一种烦恼，女人认为男人狂问她几点回家是一种荣耀。

五、什么颜色都敢往脸上擦是怪异还是时尚？

男人困惑：黑色的唇膏，绿色的眼影，橙色的腮红……女人为什么要把好好的一张脸弄得像调色盘？

场景：在化妆品柜台前，一女孩试用眼影粉。涂上绿色，其男友摇头；涂上紫色，男友摇头；涂上蓝色，男友还是摇头。女孩大怒："你是不是舍不得花钱呀！"男孩委屈地说："不！我只是觉得没有人的眼睛长成那样。"

总结：化妆技术发展至今，已经不是一般男人心中那种眉毛不黑描黑点儿，嘴唇不红涂红点儿。只要有时尚杂志推崇，哪怕会把漂亮的脸蛋化的像妖精，也马上有时髦女孩学以致用，这倒真不是女为悦己者容了。

六、护花使者该怎么当？

男人困惑：我住汉口，深夜我常坐电车护送住武昌的女友回家，折腾到半夜方折回自己的小窝，可女友并不为所动。

场景：晚上十点，一对男女在汉口街上，男孩说看有无公汽，女孩的脸立刻阴下来。男孩于是伸手拦的士，说："我送你回武昌。""你送我回去后自己又要打的回去，一来一回差不多一百多块，不划算。"女孩的话让男孩很为难，到底怎么做才能让她高兴呢？

总结：独立的女人已经不需要护花使者了，却还需要有人作出护花使者的样子。男人最明智的做法是关爱的塞给女人一百块钱,让她自己打车回家,尽管她可能会选择坐公交车,然后把钱省下来买衣服。

七、买一件贵的还是十件便宜的?

男人困惑:女人总在买衣服,却总在抱怨自己没有拿得出手的衣服,为什么她们不能用买两三件地摊货的钱去买件像样点的衣服呢?

场景:一对男女在挑衣服,每当男人看中一件,女人总说太贵。最后,男人忍不住说:"买就买件好的吧。"女人却东挑西挑就是没中意的。后来在女人的建议下,他们杀到一个服装市场,一千块钱,买了一条围巾,两件衣服,一条裙子,一条裤子,一双鞋。

总结:女人说自己没有拿得出手的衣服时,不是真的想买件贵重的而只是想去买新的。在她们看来,新的就是好的,能用同样的钱买更多的新衣服才高兴。

八、如何对待她的朋友?

男人困惑:老婆有一些情同姐妹的闺中密友,然而,她同她们热乎过后转头就会跟我说她们的不是,我真的不知该怎么办。

场景:妻子的闺中密友来家里玩,丈夫热情做饭。因为天很晚,他又挽留她住下,第二天,妻子与他大闹,说他是花心大萝卜。

总结:有的女人会在自己所爱的男人面前说别的女人的坏话,包括闺中密友。这点与男人不同,男人觉得如果女人对自己的朋友友好是给自己长面子,而女人则容易吃醋。

8. 男人保养婚姻谨记 5 大秘诀

美国一项调查发现，62％的离婚是由太太提出的。这数字真是吓坏了不少男性，也对他们提出了一个疑问：男人该如何保养自己的婚姻，让事业、婚姻双丰收？台湾《康健》杂志就给出了许多专家的建议与秘诀。

一、常常对她说"我爱你""我了解"

有个笑话传神地形容出男女间的差异。男人临终前，通常会忙着交代终生劳碌所得的财产或事业，但女人则是抓着丈夫的手问："你一生是不是只爱我一个人？"

"我爱你"这句话对女人来说，永远不嫌多，因为被疼爱、受重视的感觉，是她们在婚姻中最基本的需要。做丈夫的则要花点心思，让表达更富情趣与创意。如早上起床时可先抱抱妻子，在耳边说一遍。白天工作时，可以出其不意地打个电话，说出这 3 个字，保证她会心花怒放。或者写个小卡片，贴在厨房或镜子上，让她不经意看到，又是一阵感动。

"我了解"则是另一句受用的话。做妻子的常常有满腹苦水或辛劳，丈夫则可能觉得是芝麻绿豆大的事。但只要他安静倾听，时不时说一句"我了解"或"有道理"，就能让太太倍感安慰。

二、列出 5 件妻子最想要你做的家务

美国心理学家奎摩在《当性先生遇上爱小姐》一书中建议,丈夫应该请妻子列出 5 件她最希望自己帮忙做的家务,并以实际行动表示对她的支持与关心。这些事必须非常明确,如"帮孩子洗澡"、"倒垃圾"或"打扫房子"。

美国的一项研究发现,爱做家务的男人最迷人,孩子也较听话。因为爸爸参与家务,能给孩子树立一个好榜样,学会待人处事。这也会让妻子觉得开心。

三、用感激和赞美点燃妻子的热情

《男人,你是谁?》一书的作者麦克顿指出,女人多半愿意为所爱的男人赴汤蹈火,在所不惜。但前提是能经常得到对方的肯定。如果丈夫一直无动于衷,认为是理所当然的,久而久之,妻子再火热的心,也会冷却下来。"其实,只要丈夫适时表现出欣赏与感激的态度,就能重新点燃她们心中的热情。"

从外表的身体特征,到内在美好的特质,都应该拿出来一一称赞。要记住,只说一次是不够的,如果你希望别人记得某件事,至少要重复 5 次以上。而且,别忘了在别人面前多夸夸妻子的优点,这些话若转述到她的耳中,将更能激发其心中的爱意。因为活在赞美中的女性,会永远明亮动人⋯⋯

四、在床上温柔体贴,而不是勇猛无比

"性爱后,你问过太太的感受吗""什么姿势让她最舒服""你知

道她最敏感的部位在哪里"或是"什么事会让她兴奋",如果这些问题你都答不出来,那你可能要重新了解太太的身体与感觉。据性学研究人员的观察,一半以上的妻子并不喜欢性爱,通常是为了满足丈夫的需要,才勉强同意。这种负面情绪会影响夫妻欢爱,最后结果就是性甚至婚姻的不和谐……

五、少说负面、杀伤力强的话

"你怎么不能像某人的太太那样体贴,少说两句""当初怎么会跟你结婚""我们离婚好了",这些杀伤力很强的言辞,是侵蚀婚姻的杀手。一句伤人的话,用十句好话都无法弥补。因此,平常就要养成好习惯,别用难听的话语回答妻子。若彼此的矛盾很大,那就先独处一会儿,等气消了再沟通。

成功男人的九大资本

9. 写给男人的10句"悄悄话"

想知道女人到底想要什么样的男人吗,那么请详读下文。

一、男人切记:自家女人绝不能和人家女人比较

不要老说别人的老婆如何如何好,别数落她不漂亮,她能嫁给你那是你的福气,你还这么说,真是很不应该。对大多数女人来说,听到自己最爱的人说她的一句好那是比所有人说她的好加起来还受用。何况,爱她还忍心伤害她吗?

二、不可以三天两头的冷落她

女人都是敏感多疑的,她会把很多事情往消极的方向想。其实出门前的一个蜻蜓点水的吻,回家推开门时的一个拥抱都会让你的女人以后想起来感动万分,这些对于男人一点都不难做到,不是吗?记得在你难过时告诉她让两人一起分担,在她难过时要牵着她的手把手心的温度传给她。

三、回家不要摆脸色,发脾气,否则很可恶

你在生意场光鲜整洁,她在家中忙里忙外的,繁忙的家务已经让她有了一肚子火了,你应该要知道就是因为她在你背后所做的这一

切才能让你无后顾之忧。试想一男人下班后回家说：老婆，你忙了一天，辛苦了！女人笑笑说：没什么的，你才辛苦呢！那是多么和谐的一幅画。

四、男人之间比工作比职位，女人之间比男人比孩子

所以在她的女友面前一定得表现出你对她的宠爱和疼惜，让她觉得自己是一个公主，拥有了会让所有女人嫉妒的那份完整的爱。如果她是一个明理的女人，她肯定也会在你的哥们面前给足你面子，让你在朋友面前做个顶天立地的大男人。

五、男人喜欢看美女，女人喜欢看帅哥

你可以吃醋可以生气，可是一个真爱你的女人其实看到帅哥的时候的心境比男人看到美女时的心境更加单纯，她只是看到一些美好的东西有些感叹而已，就像是看到一幅美的图画一样，不像男人那样会有更多的幻想。

六、老婆是娶来疼的，打老婆是可耻的

如果真爱她那就一定要尊重她，不能随便动手。如果你已经不爱她了，那么你就摸摸自己的良心：我还能让她幸福吗？如果答案是否定的，那就放她走吧，让她找个真正能对她好的人。让自己别再错下去，也让她自由吧！

七、适度的大男子主义，这样让女人觉得很安全

可女人更抵挡不了男人的温柔，如果说女人的温柔是对付男人的利器，那么男人不经意的温柔对于女人绝对是核武器。但是女人也有自己天性，那就是天生的母性情结，她偶尔会把你当做自己的孩子一样处处宠爱着，但你要记住不要得寸进尺。

八、家庭永远是第一

男人固然要对工作负责，却也要有职业道德，要从工作中得到乐趣，但不要做工作的奴隶，我们工作是为了更快乐地和家人在一起，享受生活很重要，记得不定时地和你们妻子和你的孩子一起享天伦之乐。

九、爱人的父母就是自己的父母，将心比心，爱屋及乌

老吾老以及人之老，只要内心深处真正感到这就是我自己的父母，心理上对老人依恋亲密，老人会感受到这份真心的。何况，人老了很像孩子，只要像哄孩子般哄老人开心就好了。我们自己也有老的一天，要做好下辈的镜子，让他们知道怎么去尊敬老人。

十、两个人相处切记要坦诚、信任、宽容、理解。

不可事事隐瞒但也可在逼不得已时说些善意的谎言，个中尺度自己把握。多多站在对方的立场上去看一件事，想想她的处境，体会一下她的为难之处。记得：你是她最爱的人，你要理解她，支持她，在她犯错误时要宽容以对。

10. 男女间情感的 20 个秘密

一、男人委实知道女人是一种名堂很多的动物,但不知道女人的名堂都奇怪在哪里,所以一般男人很难摸到女人的痛痒之处。

二、女人总是看到男人的冷酷,殊不知正是那目空一切的冷酷,才让多个心高气傲的女人瞧得起他,甚至跪倒在他膝下。如哈巴狗般趴在女人脚边的男人,纵然再有72般武艺,却很难叫女人提得起重视的心,只因男人少了一样关键的东西——气概。

三、男人若对女人太好,只能培养越来越多贪心钓金鱼式老太婆型女人,和自以为是、理所当然、习以为常的格格型女人,等到男人实在不堪苦刑,逃之夭夭,女人才会发现自己其实什么也算不上。

四、男人常常自卑,女人常常自怜。男人借烟酒来发散心底的阳刚气,女人借化妆品来展现虚构的美丽。

五、女人看了《流星花园》后会以为自己就是杉菜,因为杉菜虽然可爱却并非国色天香。男人看了《流星花园》后以为自己是道明寺的却很少。毕竟那么有钱又那么帅,肌肉颇为发达,最重要的是只有鱼的脑子的男人,要做到他那样实在很难。

六、女人看了《河东狮吼》也许会被古天乐迟到的忠贞感动涕零,但认为自己就是张柏芝的绝对是少数。毕竟除非是混血儿,否则脸蛋儿是不大容易长成那么美的。

七、喜欢吃泡面的男人可能会被人认为重视事业不修边幅,但

成功男人的九大资本

喜欢吃泡面的女人就容易让人联想到有中性化的趋向。其实泡面不是挺好吃吗？

八、男人要管理女人，但不要太烦，如种着一只瓜，偶尔洒洒水施施肥，自然成长，收获时肯定拿一只大瓜，可能顺便还被瓜主附送一大片瓜地。女人管理男人，就得管理他的一切，除了交朋友花钱喝酒上俱乐部之外的零事碎活，全得仔细算计，半个佣人的名分就是老婆。

九、女人爱男人，但爱的不对路，总喜欢往男人的翅膀上搭，所以男人总觉得自己像只背着一只母鸡的公鸡，因此急于甩掉女人这包袱。男人爱女人，爱的也不是地方，总是爱着皮囊，很少考虑到心脏里面有钻石没有。

十、不注重外貌的男人几乎没有，即使自己丑的要死，他对自己那一半的要求丝毫不亚于李泽楷的择偶要求。

对女人而言，不注重外貌可以，毕竟女人的好色还算浅显，但不注重男人才情的女人却很少。不过现在的社会，才情倒是由男人的工作、职称、房车等条件构架起来。所以男人和女人追求异性的目标都是明确的，不会太糊涂一把抓。

十一、成熟的男人更多的考虑女人的头脑，当然最基本的条件还是得有像样的外貌。成熟的女人倒开始考虑男人下半辈子可不可以养老。俗话说：养儿防老，找到一个好男人，养前夫儿子的老都没问题了。

十二、如果没有男人，女人不会下狠工夫减肥，因为来自同性和长辈的刺激终究不够那么大。好不容易才长成了这么一身团圆，一瘦身连带还寡情了爱吃的小嘴，挺不易的。但是心爱的男人一声令下，立马就冲出屋跳绳去。原因是怕被男人抛弃，再一是想讨男人欢心。

十三、女人，有时候真像一个宠物。但有时和动物园里的母狮子也有得一比。

十四、女人孤单的时候就会哭泣，仿佛在自怜自贱中幻想中的王子就会听到她的哀音，从云端上方投来怜惜的目光。男人孤单的时候，一般傻坐着，点一支烟，喝一杯茶，望着窗台发呆，这时隐约叫人觉得他是个失意的勇士。男人流血不流泪，女人流泪只是一种生理发泄。

十五、男人和女人憔悴的极限是，女人会觉得自己彻底被打败，一无所有，一无是处。男人却觉得虽然结局如此之惨，但自己却永远没有输，还有翻本的希望。

十六、男人最大的悲哀：必须承受他所不能承受的所有人给他的压力。女人最大的悲哀：就是把自己悬在某一个男人身上，成了男人最后一重过不去的关卡。

十七、男人不爱你了，不会告诉你真实理由，而会以种种借口来掩饰，叫你到最后也猜不出他到底为什么会甩了你。女人不爱你了，一般会告诉你真实理由，因为她不想给自己心理增添负担，但如果事实太残酷，如她爱上别人这样的理由，为了照顾你的面子，她还是要说两人性格不合。从这一节，不晓得究竟是男人狠还是女人毒。

十八、百分之八十的女人看到《河东狮吼》里张柏芝喝下忘情水时音乐响起，都会流下辛酸的泪水。女人总觉得男人对她不够珍惜，所以老希望上天能惩罚男人，叫他失去她以后才知道后悔的滋味是多难受。

十九、百分之七十的男人看《泰坦尼克号》结局，老年罗丝将记录一段生死恋情的蓝宝石项链抛到茫茫深海，面上都不会有太大声色。倒是旁边女友在旁边哭得鼻涕一把泪一把淅沥糊唆。男人现实，女人浪漫。

男人不相信没有影的故事，家乡连条河都没有，怎么可能发生那种水里的生死恋爱。而女人呢，在浴缸边做伸胳臂踢腿状，与杰克和罗丝在船头展翅飞翔的经典镜头也有异曲同工之妙了。两人很有可能不仅没因这个美好故事心更贴近一步，反而还因彼此看法不同大

成功男人的九大资本

吵一架。

二十、爱打人的男人，不是真正的男人，只是借助打击别人宣泄自己内心苦闷的懦夫。爱打人的女人，多为叛逆的女人，和小时家庭教育的过分严厉很有关系。所以男人和男人打，女人和女人斗，倒不失为一条公平竞争的途径。

第九章　男人的健康资本
——健康是一切的源头

假设一个人有100000000万，前面的1代表健康。后面的0代表你的房子、车子、妻子、儿子、金子等，如果没有前面的健康1，后面都等于0。所以健康对每个人是很重要的，有了健康就有了一切。作为顶梁柱的男人，千万不要在健康的时候不知道保健，在亚健康的时候不知道调理，在患病的时候才知道治疗。

1. 男人的体检与营养

三十而立，步入三十的男人大多已经成家立业，在照顾家庭的同时，不知你是否也有关心自己的身体？还记得你最近一次去看牙医是什么时候吗？这一年中你的视力有没有什么变化？坐办公室或是开车的时候，背部有不适感吗？是不是听说老同学胆固醇偏高，自己也有点担心？如果这些问题都能引起你的注意，快去检查身体吧。

一、八项体检保健康

1．眼睛

可能出现的症状：视力减退，眼睛容易疲劳、疼痛、干涩，看物体模糊，怕光，甚至有头痛、恶心的症状同时出现。

检查内容：近视、远视、弱视、散光、青光眼、白内障、老花眼、糖尿病视网膜病变。如果你平时戴眼镜或是隐形眼镜，更需要周期性地检查视力。

何时检查：正常情况下，每两年需做一次眼部检查。有糖尿病、高血压或家族眼疾史的男性，至少每年需检查一次眼睛。

2．牙齿

可能出现的症状：牙痛，牙齿松动，牙龈出血，咀嚼困难，口腔异味。

检查内容：龋齿、牙结石、牙龈炎、牙周炎、牙根。

何时检查：至少半年做一次检查。

3. 背

可能出现的症状：疼痛，有不适感。

检查内容：背部是否存在骨折、椎骨脱臼、疝气、肌肉或是韧带受伤。必要时还需验血验尿，检查是否与内脏器官的病变有关。

何时检查：背痛往往是一种提示，告诉你身体出了问题，一有症状出现，就要及时就医。

4. 生殖器

可能出现的症状：睾丸肿大、内有肿块、睾丸疼痛。

检查内容：可以通过睾丸检查，验血、验尿等途径检测癌症是否存在。

何时检查：自查是检查睾丸癌的一个主要途径，最好保证一个月一次。当初步自行检查感觉有肿块、下坠感时，便应及时去医院做进一步检查。

5. 性传播疾病

可能出现的症状：尿频、尿急、尿痛、阴茎分泌异物、有异味等。

检查内容：阴茎检查，验血、验尿。

何时检查：除了出现症状及时就医外，正常男性最好一年做一次检查；如果你同时拥有几个性伴侣，或是经常发生一夜情，最好一年多检查几次。

6. 糖尿病

可能出现的症状：口渴、多饮、多尿、多食，体重下降。

检查内容：血糖水平、血压、家族病史、体重。

何时检查：当你出现了上述典型症状时，请及时就医。正常情况下，一年检查一次。

7. 胆固醇

可能出现的症状：无明显症状。

何时检查：建议一年做一次胆固醇检查。

成功男人的九大资本

8．血压

可能出现的症状：常常感到头晕、恶心，早上起来头痛。

何时检查：正常情况下，建议一年做一次血压测量。有家族病史、工作压力大、酗酒、抽烟的人群，要特别注意高血压病的检查，最好能自备血压测量仪器。

二、八大营养育神采

是什么让男人有型？是运动！那又是什么让男人神采奕奕？是营养！漠视营养的男人让本该强健的雄性身体遭受着营养失衡的威胁。调查显示，30～45岁的男性中有高达65%的人营养失衡，其中30%情况严重。缺少营养的型男就像缺乏滋养的大树，外表虽然挺拔，内在却赢弱空虚。下面就让营养专家来告诉你型男必备的八大营养素。

1．水：万能的廉价营养素

谁说只有女人才需要补水，男人一样需要水的呵护。在所有的营养成分中，水也许是最不起眼的，但绝对是最重要的。水可以润滑关节，调节体温，并将身体的代谢废物迅速排出体外。每人每天体内有7～8升水需要更新，身体中的水1周左右就要更新一次。

日常水分的补充可以选择白水、矿泉水，水果、蔬菜也含有丰富的水分。许多男士享受完运动的酣畅淋漓之后，也会想到补水，但是没有目的性。运动营养专家建议在运动前后补充含有能量及丰富电解质的运动饮料，以更好地满足身体的需要。

2．膳食：纤维肠道的清道夫

食物中的膳食纤维对促进良好的消化和排泄固体废物有着举足轻重的作用。适量补充纤维素，可使肠道中的食物加速变软，促进肠道蠕动，从而加快排便速度，防止便秘并降低肠癌的风险(结肠癌在男性易患的癌症中位居第三）。

另外，纤维素还可调节血糖，有助预防糖尿病。只可以减少消化过程对脂肪的吸收，从而降低血液中胆固醇、甘油三酯的水平，起到防治高血压、心脑血管疾病的作用。

3．镁：减压营养素

是男人不免要面对压力，除了心理的压力，另一种压力也不容忽视——血压。研究表明，镁摄入量正常可以降低血压，减少心脏病的发病率。镁也是重要的神经传导物质，它可以让肌肉放松，心跳有规律。同时，与含钙食品一同补充，有促进钙质吸收的作用。另外，镁还可以增强生殖能力，提高精液中精子的活力。

烤白薯、豆类、坚果。燕麦饼、花生酱、全麦粉、绿叶蔬菜和海产品都含有丰富的镁。你可以从一顿包括两碗麦片粥加脱脂牛奶和一只香蕉的早餐中得到每日镁需要量的2／3。

4．锌：雄性必备营养素

锌是人体酶的活性成分，能促进雄性激素的生成，从而促进肌肉的合成。锌缺乏可影响肌肉合成。人体内有足够的锌才能保证性欲旺盛，性功能和生殖能力健康正常，长期锌缺乏还可导致精子数量减少、精子畸形增加以及性功能减退，医生们用锌来治疗阳痿。锌还能加速人体伤口的愈合，提高身体免疫力。此外，锌是合成蛋白质和核酸的重要辅助因子。补充锌不仅能促进智力发育，使人耳聪目明，而且能延缓疲劳，振作精神。

5．铬：塑型能手

铬在一定的身体条件下可以促进肌肉的生成、避免多余脂肪，因而具有很好的塑形作用，深受健美男性喜爱。此外，这种维持生命所必需的矿物质还可以促进胆固醇的代谢，增强身体的耐力。因此，在很多增肌、减脂类的运动营养食品中常常可以见到它的身影。

6．B族维生素：能量的使者

B族维生素在人体内好比是助燃剂,主要作用就是帮助物质和能量代谢顺利进行。它可促进糖和脂肪转化为能量供人体利用,同时促进蛋白质合成以利于肌肉增长。B族维生素还可以调整内分泌系统,维护神经系统的稳定,平衡情绪。此外,补充维生素B_1有助于对抗压力;维生素B_6可以防止皮肤癌和膀胱癌,还可以预防肾脏结石(男性肾结石发病率是女性的两倍),而且对失眠症也有一定的治疗作用。

7.维生素:保护健康的功臣

维生素C可以说是保护人体健康的多面手。维生素C可增强免疫力,减少心脏病和中风的风险,有利于保护牙龈和牙齿,防止白内障发生,加速伤口愈合,缓解气喘,对治疗不育症也有一定的功效。维生素C还可刺激肾上腺皮质素的分泌,可以对抗精神压力。同B族维生素一样,维生素C属于水溶性维生素,运动会加大维生素C的损失量。此外,吸烟的男士应注意加量补充。

8.番茄红素:细胞"防弹衣"

番茄红素是自然界已知抗氧化活性最强的营养素,其抗氧化、清除自由基的能力是维生素C的1000倍、维生素E的102倍。

番茄红素在西红柿、西瓜和柚子中含量最高。然而自然存在的番茄红素性质不稳定且不易吸收,采用提纯的番茄红素胶囊的形式进行补充是目前最为可靠的方式。

附:男性健康的国际标准

世界卫生组织规定了衡量一个人是否健康的十大准则:

1.有充沛的精力,能从容不迫地担负日常生活和繁重工作,而且不感到过分紧张与疲劳。

2.处事乐观,态度积极,乐于承担责任,事无大小,不挑剔。

3.善于休息,睡眠好。

4.应变能力强,能适应外界环境的各种变化。

5．能够抵抗一般性感冒和传染病。

6．体重适当，身体匀称，站立时，头、肩、臂位置协调。

7．眼睛明亮，反应敏捷，眼睑不易发炎。

8．牙齿清洁，无龋齿，不疼痛；牙龈颜色正常，无出血现象。

9．头发有光泽，无头屑。

10．肌肉丰满，皮肤有弹性。

第九章　男人的健康资本——健康是一切的源头

2. 男性的焦虑与保养

英国人对性爱问题非常着迷,研究表明,大约有三成英国男子和一成英国女子,至少每一小时就会考虑一次性爱问题。节假日期间的英国人,对享受性爱的乐趣就更加有瘾:年龄不超过25岁的英国人,约有一半人会在旅途期间与一位新的性伴侣发生关系。与此同时,性传播疾病的发病率不断蹿升,在过去10年间,平均每年就有70万人被诊断出性传播疾病(STI),性传播疾病正是男女不育症的主要诱因。这一严酷事实向人们敲响了警钟:不加节制的性爱和乱交绝非可取之事。

以下是卡洛尔－库珀医生和基思－霍普克罗夫特关于男人女人最重要的五大性健康问题所做出的回答。这些答案或许可以挽救你的生活,或者说,可以挽救你的性生活。

问题一:假如我是年轻人,是否该担心自己哪天会阳痿?

基思－霍普克罗夫特医生:不必要。患有阳痿的年轻人可以放心。如果还没有步入中年,阳痿,或叫勃起障碍(ED),很少会成为造成严重性健康问题的征兆。倘若你自我感觉良好,就不必对自己沮丧,也没有必要经常服药,完全没有必要担心。

在年轻小伙子中间,勃起障碍可能是由于一时感觉疲倦等状况而引起的暂时性问题。另外，社会及心理压力过大、与女性伴侣关系出现麻烦、吸毒或酗酒等，也会造成勃起障碍。出现了勃起障碍之后，"性功能焦虑症"就会随之而来：每一次的性爱失败都会带来更多担忧，从而引发更多次失败。

即使出现了这种情况，你也不必要立即服用像"伟哥"之类的所谓"灵丹妙药"，你可以通过改变自己的生活方式，来达到改善目前性健康状况的目的，不要让暂时的问题给你的生活加上重压。

问题二：我的年龄稍微大了些，是否该担心阳痿问题？

基思－霍普克罗夫特医生：如果年龄40开外，而且你的勃起障碍已经持续了几个月时间，你就应该想到这样一个问题：你的毛病是由通向阴茎的动脉出现了堵塞造成的。如果向下流动的血液动脉堵塞，向上流动的血液动脉或许也会出现堵塞，比如心脏和大脑中的血管也会出现堵塞。因此，40岁以上男子的阴茎无法正常勃起，可能是心脏病即将发作或中风的一个前兆。

出现上述状况的男子，应尽快做一次针对性的检查，对自己不健康的生活习惯及时加以纠正，抽烟或整天不活动等就是非常典型的不良生活习惯。请教你的家庭医生，他会告诉你如何治疗勃起障碍症。

问题三：若我的心脏不太好，是否意味着性生活的结束？

基思－霍普克罗夫特医生：心脏有些问题，并不意味着必须停止性生活，这对于年长一些的心脏病患者来说，无疑是个好消息。的确,如果你的心脏以前出现过严重问题,过性生活会双倍增加你的心脏病发作几率。但调查发现,性生活导致心脏病发作的几率只有百万分之十。

不管怎么说,过性生活对心脏有毛病的人的影响,仅仅相当于爬几层楼梯对他们的影响。除非你的床笫之欢对象变了,心脏病发作的几率才会增大。

问题四:我怎么知道自己是否得了性传播疾病?

基思－霍普克罗夫特医生:近年来,性传播疾病的病例正在不断增加,现在还不清楚这其中的原因是什么。也许是人们的性伴侣增加了,或者使用避孕套的人少了,或者是有些人讳疾忌医,结果贻误了病情。也许只是这样一个原因:接受性病检查的人多了。

关于这一问题,所有男士都应该注意如下两点:

(1)注意安全性行为,尤其是在变换性伙伴的时候.

(2)认为自己需要检查的时候不要犹豫。因此,如果观察到自己身上出现有任何可能感染了性病的征兆,如小便时有灼痛感、流脓、包皮溃烂等,这时,应马上就近接受检查。

如果认为某一次性爱可能会给自己带来危险,即使没有出现任何征兆,也要尽快就医检查。因为不只是女人,男人在没有任何先兆的情况下也会携带有衣原体病菌。

问题五:我的阴茎是否应该接受增大手术?

基思－霍普克罗夫特医生:不要相信你从电影或杂志上看到的一切。电影和杂志并不总是反映最真实的生活。一个可悲的现实是:许多年轻人的性知识是从色情电影或色情杂志那里得来的,许多色情电影和色情杂志,总是一味夸大罕见的阴茎尺寸,标榜那才是性幸福的真正源泉。

"我的阴茎太小了!"这似乎是许多为性生活而苦恼的男士所面临的一个共同话题。其实,这种担忧主要还是由互联网上的垃圾邮件那里引发出来的,这些垃圾邮件总是大书特书阴茎增大术给别人带来了如何幸福美满的生活。要知道,这全是为阴茎增大术做的广告。

忘掉这些广告吧,你的尺寸是完全正常的。你完全没有必要为一个子虚乌有的"麻烦"而去寻求什么"神奇医术"。

我们这样说并不是完全反对正当的手术和服药,因为每个人的情况不一样,应具体情况分别对待。抛开手术不提,就说服药吧,许多男人为解决自己的问题盲目服药,花了钱,不仅没有去病,反而添了新病。还是那句老话说得对,"药补不如食补"。

附:十一种男性助性食品

1. 虾
2. 淡菜
3. 泥鳅
4. 驴肉
5. 牡蛎
6. 鹌鹑
7. 鸡蛋
8. 蛇肉
9. 鸽肉
10. 狗肉
11. 韭菜

3. 日常护身必备的8大法宝

一、朝暮叩齿三百六，七老八十牙不落

叩齿，就是指用上下牙有节奏地反复相互叩击的一种自我保健法，民间俗称"叩天钟"。事实证明经常叩齿，不仅能强肾固精，平衡阴阳疏通、局部气血运动和局部经络畅通，从而增强整个机体健康，还可促进口腔、整个牙体及周围组织的健康，增强牙齿的全面抗病能力，使牙齿变得更加坚硬稳固、整齐洁白、润丰光泽，充满精健之象。

其具体做法可概括为：精神放松，口唇微闭；心神合一，默念叩击；先叩臼牙，再叩门牙；轻重交替，节奏有致。终结时，再辅以"赤龙（舌头）搅海，漱津匀吞"，效果更佳。

二、头为精明之府，日梳五百保平安

勤梳头是一项积极的最简单、最经济的保健方法。为此，有人主张"日梳五百不嫌多"，要求最好"晨梳2～5回，下午再梳一回"，"一回以两分钟梳一百次"为宜。

因为梳子齿与头发频繁接触产生的电感应，会疏通经脉，促进血液循环，使气血流畅，调节大脑多路神经功能，增强脑细胞的新陈代谢，延缓脑细胞的衰老，增益脑力，聪耳明目，以及消除劳累。

三、脚为第二心脏，常搓涌泉保健康

人体健康与否，在于脚健。健脚益体，当首推热搓涌泉穴（即脚心中央凹陷处）。涌泉属足少阴肾经，"肾出于涌泉"。意思是说，肾经之经气犹如水井中的井源泉水一样，将从这里源源不断地涌出，长久不断。经常温浴后搓此穴，可温补肾经，益精填髓，舒筋活络，平衡阴阳，调理五脏六腑；还能治疗头顶痛、癫气、肾炎、性功能衰退、小儿惊风、失眠、高血压、冠心病、心悸、咽喉肿痛、脚裂以及老年性四肢麻木等几十种恶疾。因此，涌泉穴又有"健身之穴"之誉称。

四、日咽唾液三百口，使你活到九十九

中医理论认为，唾液在体内化生为精气，为生命须臾不可缺少的物质，具有强肾益脑等作用。现代医学证实：唾液除具有灭杀微生物、健齿助消化等功能外，还发现唾液含有能促进神经细胞生长和皮肤表皮细胞生长的神经生长因子和表皮生长因子；唾液能消除从氧气和食物中产生的对人体十分有害的自由基；唾液还有很强的防癌效果。

因此，如果每口饭咀嚼30次，就可以清除大部分有害物，有益健康。正因为如此，古今中外的养生学者才把它誉为"金浆、金津、玉液、天然抗癌剂"等美称。所以听从"日咽唾液三百口"的忠告是很明智的。

五、日撮谷道一百遍，治病消疾又延年

撮谷道，就是做收缩肛门的小动作。即"放松全身，将臀部及大腿用力夹紧，配合收气，舌舔上腭，向上收提肛门，稍闭气，然后慢呼，全身放松"。每天坚持收（提）缩一百，每次1～2分钟，若大便后应延长至2～3分钟，可以促进肛周血液循环，防治静脉淤血以及由此而引起的内痔、外痔、肛瘘、肛裂、脱肛、肛门湿疹、便秘、慢性肠炎等；同时对治疗和预防冠心病、高血压、下肢静脉曲张、肛周炎症、肛周皮肤损伤等慢性疾病有显著效果。

六、随手揉腹一百遍，通和气血裨神元

揉腹，即用手来回擦或搓介于胸和骨盆之间，包括腹壁、腹腔及其内脏的一种养生保健法。中医理论认为：腹为人体"五脏六腑之宫城，阴阳气血之发源"。认为脾胃居中，负责主运化水谷精微和统摄精血神液来充养敷布全身，令五脏六腑常壮无恙。通过揉腹，可以收到调理脾胃，通和气血，培补神元等功效。

现代医学证实：揉腹有强幢脾、胃、肠和腹壁肌，提高消化系统功能和减肥作用。还有治疗中老年性便秘、胃肠溃肠、周期性失眠、遗精、心血管病等疾患的功效。揉腹方法，最好遵从《延年九转法》进行："先用右手大鱼际在胃腔部按顺时针方向揉摸120次，然后下移至肚脐周围揉摸120次，再用全手掌揉摸全腹120次，最后逆向重复一遍，"至于揉腹次数可因人而异，但饱食或空腹或腹部患有炎症、肿瘤等则不宜施行。

七、人之肾气通于耳，扯拉搓揉健身体

古人强调肾耳合一，互为作用。耳为肾唯一之上外窍，耳健则肾通；肾气充足，肾精盈满，则听觉灵敏，针坠地也能闻其声。其做法为，以右手从头上引左耳14下（即用右手绕过头顶向上拉左耳）。再用左手从头上引右耳14下（即用左手绕过头顶向上拉右耳）。

现代医学认为：耳朵上的49个穴位和各部位与体内的五脏六腑以及十二经脉、三百六十五络联系密切。采用扯、拉、按、摩、搓、揉、点、捏等手法，对双耳进行物理刺激和针灸治疗，效果更好。另外，对肝、胆疾患有辅助治疗作用。

八、消疲健美助血运，勤伸懒腰最为高

所谓伸懒腰，就是指伸直颈部、举抬双臂、呼吸扩胸、伸展腰部、活动关节、放散脊柱的自我锻炼。这样能使颈部血管舒畅地把血液输送到脑子里。大脑得到充足的营养，疲劳消除，从而精神振奋；能使全身神经肌肉得以舒展，促进机体平衡；能增加吸氧量，呼出更多的二氧化碳，促进机体新陈代谢；能消除腰肌过度紧张，并防止腰肌劳损，而且能及时纠正脊柱过度向前弯曲，保持健美体型。

4. 排毒,让你远离男科病

一提起排毒,很多人就马上想到这是女人的"专利"。男人既不向往美颜,又不追求塑身,用不着排毒。男性健康专家提醒,其实,排毒的目的是保证身体健康。男人,恰恰更是需要排毒的一群人。

一、人体内的毒素

关于人体内的毒素,医学专家认为,人只要和外界接触,就有废物产生,就会有毒素,中医称之为"糟粕"。西医与中医的定义不同。西医的解释非常抽象,就如《现代汉语词典》中所解释的:"'毒'是进入有机体后能跟有机体起化学变化,破坏体内组织和生理机能的物质。"中医所说的"毒",范围要更广泛,广义的"毒"包括新陈代谢产生的所有对人体不利的物质,这包括脂肪、蛋白质的代谢物以及由外界经口鼻、皮肤进入人体内的有害物质,还有热毒、火毒、湿毒、麻毒以及疮疡类疾病。

根据这些理论,不难得出这样的结论:人在一生中,无论体内体外,都不可避免地与"毒"打过交道,即使体外的毒素也可能通过某些渠道进入人的身体内,成为内在毒素。

二、毒素发作引发男科病

抽烟、喝酒,事业的奔波,生活的劳累等让很多表面强壮的男人在还没有多少警觉时就变得精力不足、食欲不振、面色无华、神经衰弱,出现前列腺疾病、泌尿感染、性功能障碍等问题,这些都是身体代谢不畅的表现,不是没有毒素,而是毒素还没有发作。男科医院专家指出,一旦毒素积聚到了一定程度,他们的身体就会随之崩溃,而且这一情况还有日益年轻化的趋势。

统计表明,前列腺炎"瞄"上了中壮年,二十岁左右的患者比比皆是,32岁以上的男子,约有35%~40%左右患有慢性前列腺炎。50岁以上的男性近半出现排尿异常等前列腺疾病症状,并且随着年龄的增长,人群发病率也明显上升。

再如男性功能障碍,其发病率呈明显上升趋势,作为男科病的高发病种之一,男性功能障碍对男性心理及生理的伤害较其他男性疾病更大,易造成家庭不睦,损伤男人自信。某男科医院临床显示:35岁以上的男性,约60%的人出现不同程度的男性功能障碍。

另外,目前我国泌尿生殖感染的人数呈日益上升趋势,临床上的泌尿疾病多达20多种。男性泌尿生殖感染引起的各种泌尿性疾病已经成为全球医学界专家关注的大事。临床数据显示,35岁以上男性,约有56%的男性受到泌尿生殖感染反复发作的困扰,它的危害性极强,若不及时有效治疗,容易反复发作,迁延难愈,并对男性的生殖健康造成极大损害,甚至危及夫妻感情和睦及家庭稳定。

三、排毒规则

毒素发作易引发男科病,这绝不是危言耸听。只是随着社会的进步，保健方式也应该进步了。对于男人而言，不论从心理的、生活方式的、生理结构等方面来看，都更应该珍重自己，排出毒素，让自己轻装上阵。

排毒是调整身体的一种好方法，如果你选择了这种方法，就要遵守下面的规则：

规则1：放松一些

压力不可怕，忙也不怕。但你的精神必须放松，学会给自己减压，合理安排时间，必要的时候保持适度的紧张，不仅让心情放松，也让生命增添了活力。

规则2：改掉不良习惯

吸烟、饮酒、熬夜等，都和现代男人结下了不解之缘，似乎不这样就"不男人"，其实这是一个观念问题，诠释好男人的理念首先应该是有一个健康的体魄。

规则3：多吃水果蔬菜

男人不像女人那样爱吃水果蔬菜，这一点男人真的要向女人学学，多吃些水果蔬菜。因为水果蔬菜含有丰富的纤维素，是人体的"清道夫"，可以帮助排除体内的毒素，减少毒素留在体内的时间。

规则4：补充维生素

每天应该补充一粒维生素丸。如维生素C、维生素E等抗氧化剂，可以帮助消除体内的自由基，抗衰老，还增强免疫力。

规则5：多喝水

如果每天能喝8杯水最好。多喝水可以促进新陈代谢，有利于排除体内毒素。

四、积极面对毒素发作

专家提醒，善待自己，首先就要给头脑观念排排毒，学会正确看待排毒。排毒是必要的，也要讲究方法，一些效果可能"立竿见影"的方法，潜藏着巨大的副作用，搞不好会让身体垮掉。因此要科学、有效地排毒，还是多掌握些知识为好。尤其是当毒素发作引发男科疾病时，关键还是要到专业男科医院接受正规检查和治疗。

第九章 男人的健康资本——健康是一切的源头

成功男人的九大资本

5.男人最怕的9种疼痛

不要过分相信男人强壮、无所畏惧的外表,他们同女人一样,容易遭受各种各样病痛的侵袭。

一、头痛

神经性头疼的发病率男性多于女性,通常由生活方式和情绪紧张引起。当男人紧张,或熬夜加班、长期保持一个坐姿,都会造成颈部肌肉收缩,持续的收缩阻断了头部肌肉的血液供应,肌肉缺氧无法排出废物,便引起头晕疲倦,有时是痉挛性痛、牵扯痛或胀痛。

对策:进行意控训练,将意念集中在腹部,慢慢吸气将腹部扩张到最大,停留2秒,然后慢慢呼出,再停留2秒,可以调节、放松情绪,进行预防和治疗紧张性头疼。

二、牙痛

男人更爱吃鲜嫩的肉而不是耐嚼的蔬菜,因此牙齿咬合关系不良多于女性。正常咬合不但美观,更是保证牙齿协调、平衡牙齿功能的重要前提。咬合不好的牙齿会引起牙龈萎缩,当齿槽骨破坏,牙根裸露后,失去保护的牙龈就会很容易患牙髓炎。同时,横向刷牙和不定期洗牙生成牙结石刺激、压迫牙龈边缘,也会引起牙齿疼痛。

对策：每餐都有一些耐嚼的食物，例如粗纤维蔬菜或粗粮，同时每年做一次洗牙。明显而严重的牙齿咬合不良最好通过正畸来延长牙齿的使用寿命。

三、颈项痛

电脑是男人们的解语花：游戏、聊天、新闻……对于电脑的过度关注，将男人固定在电脑前长时间地保持一种颈部前伸的僵硬姿势，使颈椎处于一种与正常生理弯曲相反的状态中，并让颈部肌肉长期紧张。这种扭曲和紧张逐渐使得颈椎错位、压迫神经，导致疼痛和颈椎病。

对策：每小时做 5 分钟颈椎操，头部进行前伸后缩、左弯右弯、顺逆时针旋转的系列活动。

四、肩背痛

身体中对压力最敏感的是植物神经系统。它是身体的战备动员处，专门负责让身体积极起来，动员心跳增加、注意力增加、肌肉紧张……男人习惯忍受，不像女人喜欢宣泄压力和紧张，所以压力更易导致男人植物神经紊乱，主要表现为肌肉酸疼，特别是肩背部肌肉的疼痛。

对策：按摩是一个很好的缓解肌肉酸疼的方法，按摩的同时更能帮助释放压力。

五、胸痛

吃肉是很多男人对饮食的基本要求。但高脂肪的饮食习惯自然会让血脂增高，甚至引起心脏供血不足，出现一时的缺血缺氧，最典型的症状就是胸部的来去无踪、又转瞬即逝的针扎样的疼痛。

对策：每周吃一天素食对控制血脂很有好处，还能帮身体清除有害的代谢产物。

六、臂痛

高尔夫球看起来是最优雅的运动，但其中也可能蕴藏着危机。错误的握杆法，会对左手腕关节里的两个小骨形成很大的压力，并压迫行走于两骨之间的尺神经，造成手臂及手肘部分神经受损，引起手臂麻麻的痛感。

对策：运动时请专业教练指导姿势，并且每半个小时要做肌肉放松运动，多喝水帮助减少运动中代谢废物对身体的不利影响。

七、下腹痛

男性阴囊的皱褶多，伸缩性很大，容易藏污纳垢，加之局部通风差，导致阴囊经常处于潮湿污浊的环境中，而且男人粗枝大叶不重视局部的清洁工作，细菌会乘虚而入。这样就会导致前列腺炎、前列腺肥大，出现下腹部疼痛。

对策：规律的性可以防止精液在精囊中储存过久，被细菌感染，加强前列腺和相应导管的收缩，帮助前列腺排空，从而减少前列腺疾患。

八、小腿痛

男人大多不喜欢喝水，特别是在交通工具上，比如飞机，乘坐飞机超过两小时不喝水是很危险的。飞机上的座位空间通常比较狭小让人无法移动,空气也比较干燥,身体水分蒸发快。如果不摄取大量的水分,血液的黏稠度就会急剧上升,血液回流的阻力增加,大量血液淤积在下肢,大大增加了下肢静脉血栓的几率,造成小腿疼痛。

对策:坐航班时一定要多饮水,两小时的飞机通常会加两次水,记得要双份,一杯果汁一杯矿泉水。

九、肛门疼痛

调查表明,世界杯使男人痔疮发病率急剧上升,因为进球的不确定性让人至少90分钟内舍不得离开屏幕。久坐不动会使肛门部位血液循环障碍,静脉曲张,易形成小血栓,食物在肠道停留过久变得干燥,同时肛门肌肉弹性下降,收缩力减弱,直肠黏膜下滑。这时,易出现便秘、肛门黏膜破损疼痛。

对策:每天做10次肛门收缩运动,可以锻炼肛门和血管壁的弹性,预防或延缓痔疮的发展。

附:男人的健康套餐

餐饮对于男人健康是最重要的方面之一,因此必须在此下足工夫,现在推荐科学的七组男人的"数字健康餐",你可能没听说过,但是这些数字会让你餐饮更健康。

一、1/2瓣生蒜防肠癌:肠癌是危害中年男性健康的第三大肿瘤。新西兰的科学家研究发现,大蒜具有一定的防肠癌功效,每天半瓣大蒜就足够了。

二、1个苹果护心减肥:荷兰科学家发现,每天吃1个苹果,就可将冠心病的患病率减少50%。

三、2个橘子护胃防癌：男人爱暴饮暴食，爱吃味重的食品，爱喝酒，这些都会对胃造成不同程度的伤害。澳大利亚学者称，每天吃2个柑橘类水果，便可使胃癌的风险降低50%。

四、2餐黑木耳防止结石：男人患肾结石是女人的两倍。据临床医生观察，坚持每天吃上1～2次木耳，4～5天痛感可缓解，4周左右结石便可变小甚至排出。每周吃2次黑木耳还可起到防止结石的作用。

五、3.5杯橙汁减少一半心脏病危险：医学专家认为，一个人每天饮用三杯半鲜榨橙汁（约750毫升），血脂水平便可以下降30%，患心血管疾病的危险可降低一半。

六、10颗葡萄狙击中风：男人患心脏病、中风的概率比女人大得多，轻松解决之道就是坚持每天吃上10颗葡萄，而且最好连皮一起吃。

七、50克南瓜子保护前列腺：对中年男人来说，前列腺疾病发病率最高。每天坚持吃1把南瓜子（50克左右）就可保你无病一身轻。

6. 男人的健康沐浴与皮肤保养

一、健康沐浴必知

1. 沐浴时的水温

沐浴时水的温度应与体温接近为宜,即37℃左右。淋浴时的水温可略高,若水温太高,会使全身表皮血管扩张,心脑血流量减少,发生缺氧。很多男士喜欢冲冷水澡,但也要适度。水过冷会使皮肤毛孔突然紧闭,血管骤缩,体内的热量散发不出来。尤其是在炎热的夜晚,洗冷水澡后常会使人感到四肢无力,肩、膝酸痛和腹痛,甚至可成为关节炎及慢性胃肠疾病的诱发因素。一般夏季洗冷水浴的水温以不低于10℃为宜。

在异常疲惫或身体欠佳的状态下,沐浴时的水温最好在34~45℃之间。研究发现,沐浴时当水温在34~36℃时会有镇静止痒作用;37~39℃时最能解除全身的疲惫;40~45℃时则有发汗的作用。

Tips 未婚未育的男士尤其不要洗热水澡,更不宜经常桑拿。

男性睾丸的温度一般要比人体温度低3~4℃,这样才能产出正常的精子。精子对温度的要求比较严格,必须在低于体温的条件下才能正常发育,而桑拿浴的温度却要比体温高出许多,不利于精子生长,或造成精子活力下降,甚至导致不育。

临床统计,男子不育症中有相当一部分人是由于睾丸温度高于正常温度所致。对于未婚未育的男士,除了桑拿不宜多洗之外,其他能够使睾丸温度升高的因素都要尽量避免,如长时间骑车、泡热水澡、久坐不动、穿紧身牛仔裤等。

每次沐浴的时间以15～30分钟为宜。许多人喜欢洗热水澡，长时间地浸泡在浴缸中。但这样做是不科学的。水温过高，皮肤、血管扩张，血液存积于全身，回心血量减少，供应大脑和心脏的血液也随之减少，而高温导致的出汗多使体液丢失，容易造成晕倒甚至心脏病发作。

2．不适合沐浴的时间

（1）饥饿的时候。人在饥饿状态下，血糖水平低，无法保证洗澡时所需要的热量消耗，所以，饥饿时洗澡容易出现头昏眼花等症状、甚至休克。

（2）饭后。饭后洗澡不但不利于食物的消化，还会加重心脏的负担。

（3）酒后。酒后洗澡，体内储存的葡萄糖在洗澡时会被消耗掉，因而糖含量大幅度下降。同时，酒精抑制肝脏正常活动，阻碍体内葡萄糖储存的恢复。加上洗澡出汗失液，容易引起有效循环血容量不足，而导致虚脱。

3．沐浴的顺序

要先洗脸，再洗身子，最后洗头。因为洗澡过程中产生的蒸气，会使人体的毛孔遇热扩张，如果脸部尚未清洁，脏东西会趁毛孔大开之际进。而头发就不一样了，它们可以在蒸气中得以滋润后，再清洁。

沐浴后，应该用柔软干爽的毛巾或浴巾将全身皮肤表面的水分蘸干，不要用毛巾使劲揉擦皮肤。然后，最好能擦一些身体乳给全身的皮肤保湿。因为身体表面的水分蒸发会带走皮层的水分，不加注意会使皮肤变得干燥。

4．沐浴禁忌

（1）出汗时不能洗冷水澡。因为冷水会过分刺激神经末梢，使毛孔突然收缩，容易发生毛细血管痉挛等症状。运动后浑身出汗时洗澡，水温应略高于体温为宜。

（2）泡浴时间不宜过长。如果夏天泡浴超过1小时，会使皮肤毛细血管过分扩张，血液过多地流到体表，造成大脑缺血。

（3）不要随意选用沐浴产品。男士的皮肤类型和特点与女士不同，最好不要混用沐浴产品。那些顺手拿肥皂或洗衣皂往身上涂的做法就更应该被遗弃。最好是选择适合皮肤特点的男士专用的沐浴产品。

（4）沐浴产品

①缺乏运动型男士

皮肤类型特点：皮肤易松弛，最好选择一套有皮肤紧致功能的沐浴、护肤产品。

②经常运动型男士

皮肤类型特点：皮肤总是汗渍渍的，最好选择一款有清爽功能，淡淡清香的沐浴、护肤产品，除汗除臭，消除汗味。

③总呆在空调房里型男士

经常吹空调，容易使皮肤变得干燥。最好选择一款有滋润、保湿功能的沐浴、护肤产品，保持皮肤弹性。

④皮肤敏感型男士

有些男士的皮肤非常敏感，有时会对自己的汗液过敏。在挑选沐浴、护肤产品时就更应该慎重，应以纯植物原料的沐浴、护肤产品为首选。

●不同的气味代表男人不同的风格

沐浴产品中薄荷、松木等香型，味道清爽令人振奋，及时舒缓疲倦，适合干练、清爽的男人；薰衣草、柠檬等香型，具有安神镇静、放松身心的功效，适合温柔的男人；古龙香，以香柠檬油和甜橙油为主，淡淡的，四季皆宜，适合儒雅的男人。

5．沐浴理疗法

洗澡不光能清洁身体，有时候还可以作为保健和理疗的辅助手段，帮你保持健康：

（1）消化不良、食欲不振的时候：可在饭后沐浴（最好是餐后半小时以后），并用较热的水流冲洗胃部。待身体暖和后，再用喷头冲一冲胸口周围，每冲5秒休息1分钟，重复5次。也可以采取坐浴的方式，在40℃以下的热水中泡澡20～30分钟，同时进行腹式呼吸，然后用稍冷的水刺激腹部，这样能促进胃液分泌，提高食欲。

（2）肌肉疼痛、脖子僵硬、腰酸背痛的时候：可以用40℃左右的水在疼痛部位冲5分钟左右，特别是容易疼痛的头、肩和腰部，一边冲洗一边缓慢地做运动，颈部前后左右转动，这样做可以促进血液循环，减轻疼痛。

（3）便秘的时候：一边用温水冲洗，一边用手掌在腹部按顺时针方向按摩，同时腹部一鼓一收地大口呼吸，这样能起到治疗慢性便秘并防治痔疮的效果。

（4）受伤的时候：提重物或受撞击而受淤伤，不宜马上洗澡，否则会加剧疼痛。不过等24小时后，疼痛有所缓解时，在42℃的热水中浸泡10~20分钟，有助于消炎、止痛、除瘀。

（5）感到疲劳的时候：用43℃的温热水泡脚，并按摩脚踝和和脚掌心各3分钟，能让疲劳迅速地消失。

（6）冷热水交替浴是一种很古老的增强男子性功能的锻炼法。其具体方法是：先在澡盆内用温水浸泡身体，待充分温热后再出澡盆，然后用冷水冲洗，待3分钟左右，阴茎、阴囊收缩后再入澡盆，如此反复3～5次即可结束。若每日能坚持做冷热水交替浴，可使男性即使过了中年也能精力充沛、性功能增强、疲劳感减轻。

（7）、利用沐浴时间塑身

虽然，每天沐浴的时间不过短短的十几二十分钟，不过如果能够好好利用，对减少岁月的痕迹，保持青春也会非常有帮助的。

●针对腹部的赘肉：用淋浴喷头喷射出的水流按摩。以顺时针的方向，用近距离和远距离两种不同的水流交替冲洗，伴以轻轻地按摩，皮肤会一直保持弹性和紧致。注意，水流要从远离心脏的部位开始冲洗。一边冲，一边用沐浴泡沫由下向上搓洗。

●针对臀部的赘肉：一边冲洗，一边用沐浴泡沫从下往上推，从大腿根部经臀部向腰部擦洗3次。

●针对腿部的赘肉：一边冲洗，一边用沐浴泡沫由下往上搓洗。反复数次。

二、皮肤保养必知

你是不是对护肤品，都抱着嗤之以鼻的态度，认为保养皮肤都是女人的事情呢？事实上，男士皮肤也需要保养。

1．男性彻底洁面最重要

对男性来说，每天彻底洁面是护肤中最重要的环节，因为男性的皮肤油脂分泌一般都比较旺盛，清洁工作做不好，容易造成毛孔堵塞，形成暗疮、黑头等。有的男性洗脸时只用清水洗一下，这样的做法是不对的。清水洗脸只能洗去皮肤表面的灰尘等污垢，不能将脸上分泌的过多油脂彻底洗净。最好选择男士专用洗面奶，它的清洁作用更好，可以有效防止暗疮的产生。

2．天然油膜不输护肤品

肤质偏油，如果再抹护肤品，会感觉黏糊糊的，很不舒服。脸上的油膜就是天然保湿因子，其效果一点也不比护肤品差。

但如果您的肤质不这么油，还是建议使用含一定油脂的护肤品，但最好选择易被皮肤吸收的润肤乳，这样才能达到深层滋润而不油腻的效果。

3．购买护肤品的建议

（1）男士不宜买女性用的护肤品。因为，男女的肤质不同，护肤品的选择也应有所不同。

（2）不宜买香味重色泽多的护肤品，因为香料和色素添加剂是导致皮肤过敏重要的致敏原。

（3）外出活动多的男性，也应适当用些防晒品，以防紫外线伤害，同时应尽量避免中午时段外出。

（4）护肤要求有"营养"

在护肤品的选择上，要看重其"营养性"，比如选择含有维生素A、维生素E或是植物精华素的产品，让皮肤喝饱营养。

（5）在挑选产品时，应尽可能挑选单一功能的产品，因为越是性能单一，使用的效果可能越好。

（6）护肤品最好买"小包装"的，因为护肤品打开3个月后，即便是在规定有效期内也容易被细菌污染，如果皮肤较敏感，很容易发生过敏。

4．护肤品随四季更换

根据春、夏、秋、冬四季选择不同的护肤品。比如，春天皮肤会变得很敏感，易出现春季皮炎等皮肤过敏反应，此时应选择防过敏的医学护肤品，皮肤敏感的人更应该注意。

夏天，温度较高，皮脂腺分泌旺盛，毛孔扩张。选用的产品不能太油腻，油脂及脂溶性成分应该少一些，以免生出暗疮。

秋天，气候较为干燥，护肤品一定要强调其保湿功能，并且适当选择有除皱功能的产品。

冬天，温度低，毛孔闭塞，皮脂腺分泌少，一定要选用动植物油脂含量较多的产品，帮助营养吸收。

7.25 招让男人精力旺盛

一、晨练 5 分钟

起床后锻炼 5 分钟，不仅为身体充电，而且能加倍燃烧卡路里。很多人误认为晨练必须 5 点钟爬起来跑上几公里，其实是不必要，也不太现实的。你只消花 5 分钟，做做俯卧撑和跳跃运动，使心率加快，就能达到理想的效果；要么对着镜子冲拳 100 下，感受那种能量积蓄的过程……

二、站起来接电话

站着打电话借机舒展舒展筋骨，一边深呼吸，使富含氧气的血液流进大脑。这个简单的变化能让你几个小时都精两倍旺。

三、边沐浴边唱歌

淋浴时大声唱歌促进身体释放内啡呔，从而产生一种快乐与幸福的感觉，减轻压力。你越是心情不好的时候，越要唱出来，至于好不好听，跑没跑调，你管它呢！

四、养成喝水的习惯

处于缺水状态的你，会时常感觉衰惫。清早起来先喝一杯水，做一下内清洁，也为五脏六腑加些"润滑剂"；每天至少喝进去一升水，不过也不是多多益善。

五、讲究吃早餐

美国有研究发现，不吃早餐的人身高体重比（BMI）偏高，也就是体重超标，还爱犯困，做事无精打采；讲究吃早餐的人则精力充沛得多，身形也相对匀称。最营养健康的西式早餐是：两片全麦面包。一块熏三文鱼和一个西红柿。全麦面包含有丰富的碳水化合物和纤维；西红柿的番茄红素有利于骨骼的生长和保健，并且对前列腺疾病的预防很有好处；三文鱼中丰富的omega-3脂肪酸和蛋白质对身体更加有益。

六、十点加餐

即使早餐吃得不错，到上午十点半，前一天储存的糖原也差不多用没了。你要想在一天剩下的时间仍像刚充完电，这时就必须加加餐。一块巧克力，或者一根能量棒。几块饼干，补充能量以外，还能有效避免午餐暴饮暴食。

七、午后喝咖啡

午餐后，身体的睡眠因子（一种能引发睡眠的分子）成分增多，是最容易犯困的时候，此时喝一小杯咖啡效果最好。当然喝茶也行，随你喜欢！别忘了睡前4小时内不要喝咖啡，免得过于兴奋睡不着。

八、多倾诉多疏解

性格也能调节疲惫。荷兰的一项研究表明，在工作中内向、害羞的人更容易觉得累，而外向的人精力更足，这是因为爱跟人交谈的人善于发现乐趣，把自己的烦恼、压力及倒霉事一股脑说出来，就不会觉得累和无聊，相反的，喜欢安静。独处。不爱社交的人缺乏这种疏解压力的渠道，时间长了，必然感觉不堪重负。

九、坐有坐相

坐姿不良，走路踢里踏拉，耸肩腆肚，这些通常是你能量已耗干的表现。在办公室一坐就是七八个小时，如果不能保持正确的姿势，反而会觉得更疲劳。不管是站还是坐着，应当收腹立腰，放松双肩，脖子有稍稍伸展的感觉。

十、张弛结合

工作中碰到难题，一时半会儿又没法解决，不如稍事休息，如去倒杯茶，换换脑筋，然后接着干。累得快透不过气来时，深吸一口气（数3下），然后呼出来（数6下）；或者翻翻体育杂志，上网浏览娱乐八卦，找谁聊几句，说不定灵感在不经意间就来了。

成功男人的九大资本

十一、交乐观的朋友

乐观、精力旺的朋友或同事人见人爱,他们积极的情绪总能感染周围的人。不仅要和聪明有才华的人交往,更要和那些充满热情,积极向上的人交朋友;跟一个悲观、喜欢抱怨的人一起呆上30分钟,你的能量就会被间接耗尽。

十二、大事化小

一口气吃不成胖子!不要总想着把某项大工程一气做完,结果自己累得趴下了。不妨把大工程拆成若干个小工程,一样一样地做,时不时休息一下,这样,既保持体力,又能提高工作效率,最终还能加快工作进度。

十三、锻炼背部

你有没发现"背多分"型的男人往往受到殊遇,不仅如此,强壮的背部能让你工作起来比别人更轻松,不觉得太累。锻炼背部最有效的方法是用划桨器,注意姿势要正确;脚放平,膝盖微曲,双桨恰到好处地停在胸部。

十四、打坐

早晨睡眼惺忪,先不忙爬起来,舒舒服服地坐在床上坐着,挺直后背,闭上双眼,快速地用鼻子呼气和吸气,嘴巴微闭。(这个胸部练习应当像拉风箱一样,快速而机械地进行)

十五、每天运动

哪怕你再忙,也要坚持锻炼,或跑步或健步走或游泳。你要是对自己体力过于自信,以为年轻就是本钱,不会那么轻易倒下,有人也许会跟你急。

十六、午睡20分钟

20分钟左右的小憩是最理想的,它其实跟午睡一小时的作用没什么两样。午睡一个小时有点长了,睡得太沉,晚上可能睡不好。

十七、补铁

如果你体内铁的储存太低,身体就不能制造血液中运载氧气的血红蛋白,人就容易觉得累。最好的补铁办法是通过饮食,采用食物疗法:含铁质丰富发热有动物肝脏、肾脏;其次是瘦肉、蛋黄、鸡、鱼、虾和豆类。

十八、车里放点零食

男人很少吃零食,你可以在车里放些花生和葡萄干,这些东西含有大量的钾,你的身体需要钾将血液中的糖转化为能量;坚果也不错,它富含碳酸镁,缺乏碳酸镁会使身体产生大量乳酸,而乳酸易使人产生疲劳感。

十九、芳香疗法

放些香料在家里,尤其是迷迭香。薄荷和姜,可以提神醒脑,增强记忆力,并且能治疗头痛偏头痛。

二十、多看喜剧

笑一笑,十年少。笑能锻炼面部肌肉,改变你的面部循环,从而提高注意力。英国科学家近日公布的研究表明,尽管快乐不像俗语形容的那样能挽留青春,但每天保持愉悦心情的人确实更健康,罹患心血管病。糖尿病的风险更低。

二一、提前1小时上床

多睡60分钟的提神功效等于喝两杯咖啡。这是指你每天早睡一小时,而不是周末拼命睡懒觉。否则生物钟被打乱,总感觉晕乎乎的。

二二、和阳光玩游戏

美国马塞诸塞大学的研究表明,愤怒和敌对的情绪在冬天比较多,而夏天比较少。晒太阳能提高大脑血清素的含量,改善心情,为身体充电。不妨争取一切能晒太阳的出差或旅行机会。

二三、控制酒量

酒精让你产生蒙蒙睡意,但是睡前喝酒反而会因兴奋影响睡眠,虽然闭着眼,眼球却在不停地转。你得牢记睡前两小时不喝酒,晚餐啤酒最多只喝一两杯。

二四、调整健身时间

一项研究发现,那些健身族下班后去健身,浑身酸酸的,回家洗个澡睡个好觉,起来后犹如获得新生,无独有偶,美国芝加哥大学的学者认为,晚上锻炼能增加睾丸素的水平,这对能量的新陈代谢至关重要。

二五、睡沙发

假如你和爱人吵架,你不得不睡沙发,你不用内疚或怎么样。知道吗,偶尔睡睡沙发对治疗失眠有奇效!很多人都说失眠跟自家的卧室有关,美国的一项调查发现,72%的男人在沙发上睡得不错。

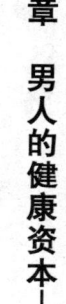

8．养生保健要平衡膳食

人体所需的各种营养素，必须通过每天所吃的食物不断得到供应和补充。那么究竟应该吃什么，这里面就有一个食物的配比关系。即在人体的生理需要和膳食营养供给之间建立平衡的关系，就形成平衡膳食。

具体地讲，平衡膳食是指同时在四个方面使膳食营养供给与机体生理需要之间建立起平衡关系，即：氨基酸平衡，热量营养素构成平衡，酸碱平衡及各种营养素摄入量之间平衡，只有这样才有利于营养素的吸收和利用。如果关系失调，也就是膳食不适应人体生理需要，就会对人体健康造成不良影响，甚至导致某些营养性疾病或慢性病。

一、氨基酸平衡

食物蛋白质营养价值的高低，很大程度上取决于食物中所含的8种必需氨基酸的数量及比例，只有数量与比例同人体的需要接近时，才能合成人体的组织蛋白质。反之则会影响食物中蛋白质的利用。世界卫生组织提出了一个人体所需8种必需氨基酸的比例，比例越与之接近，生理价值越高。生理价值接近100时，即100%被吸收，就称为全部氨基酸平衡。

能达到氨基酸全部平衡的蛋白质，称之为完全蛋白质。利用这个标准可以对各种食物的蛋白质进行氨基酸评分。鸡蛋、人奶的氨基酸比例与人体极为接近，因此可称为氨基酸平衡的食品。而多数食品均属氨基酸构成不平衡，所以蛋白质的营养价值就受到影响。如小米中精氨酸过高，影响了赖氨酸的利用。因此以植物性为主的膳食，应注意食物的合理搭配，纠正氨基酸构成比例的不平衡。如将谷类与豆类混食，制成黄豆玉米粉等，可提高蛋白质的利用率和营养价值。

二、热量营养素构成平衡

碳水化合物、脂肪、蛋白质均能给机体提供热量，故称为热量营养素。当这三种物质摄入量适当时，各自的特殊作用方可发挥并互相起到促进和保护作用，这种情况称之为热量营养素构成平衡，反之将会对机体产生不利影响。

通过动物试验和对人体的观察，认为碳水化合物、蛋白质、脂肪三者摄入量的合适比例为 65∶1∶0.7，这样在体内经过生理燃烧后，分别给机体提供的热量为：碳水化合物约占 60%～70%、蛋白质约占 10%～15%、脂肪约占 20%－25%，即称为热量营养素平衡，反之则可出现不同的后果。当膳食中碳水化合物摄入量过多时，热量比例会增高，破坏三者平衡，出现体重增加，增加消化系统和肾脏负担，减少摄入其他营养素的机会。

当膳食中脂肪热量提供过高时，将引起肥胖、高血脂和心脏病。蛋白质热量提供过高时，则影响蛋白质正常功能发挥，造成蛋白质消耗，影响体内氮平衡。相反，当碳水化合物和脂肪热量供给不足时，就会削弱对蛋白质的保护作用。三者之间是互相影响的，一旦出现不平衡，将会影响身体的健康。

三、各种营养素摄入量间的平衡

各种营养素之间存在着错综复杂的关系,并且不同的生理状态、不同的活动,营养素的需要量也有所不同,因此中国营养学会制定了各种营养素的每日供给量。我们膳食中所摄入的各种营养素在一定的周期内,保持在标准供给量上下误差不超过10%的范围。这种相互间的比例,即可称为营养素间的基本平衡。

四、酸碱平衡

正常情况下人的血液由于自身的缓冲作用,出值保持在7.3－7.4之间。人们食用适量的酸性食品和碱性食品,将会维持体液的酸碱平衡,但食品若搭配不当,则会引起生理上的酸碱失调。

常见的酸性食品有:蛋黄、大米、鸡肉、鳗鱼、面粉、鲤鱼、猪肉、牛肉、干鱿鱼、啤酒、花生等。常见的碱性食品有:海带、菠菜、西瓜、萝卜、茶叶、香蕉、苹果、草莓、南瓜、四季豆、黄瓜、藕等。

当食品搭配不当,酸性食品在膳食中超过所需的数量时,导致血液偏酸仕、血液颜色加深、黏度增加,严重时还会引起酸中毒。同时还会增加体内钙、镁、钾等离子的消耗,而引起缺钙。这种现象称为酸性体质,将会影响身体健康。

此外,要注意一日三餐热量的合理分配,早餐占30%,午餐占40%,晚餐占30%。

9.健身十戒让你更健康

你是不是在健身过程中发现外形越来越糟糕,睡眠越来越差,训练效果也越来越不理想?那就看一看你有没有犯下列几项错误。

一、不做热身和伸展活动

对肌腱、肌肉和关节来说,举重是一项十分激烈的运动,所以在进行举重锻炼前一定要做一些适当的热身运动,让身体充分活动开,这样就不会使身体受到伤害。在举重前先用较轻的重量热热身,或者做做伸展运动,否则会对你的身体造成非常严重的伤害,轻者拉伤肌肉,重者损伤关节。不做准备活动对你整个的锻炼也会有影响,那就是降低效率。在锻炼前热身就像开车前给车预热一样,是获得最理想效果的重要一步。

二、不写健身日记

有人对健身运动很上心,训练也十分刻苦,可是训练完后累得什么都不想干了,更不用说记训练日记了。常有人问我:写不写训练日记?说实话,我每天都训练,从来不写下来,但我心里记着呢。可是你要记住,最差的笔记本比最聪明的脑子记忆力更强。

根据经验,有的人可能会中断锻炼日记,但最好还是保持连贯

成功男人的九大资本

性,尽量多做一些训练记录,把每一次锻炼的时间、使用器械的类型和重量以及锻炼强度等记下来,这种习惯可以让你对自己的进步心中有数,最终你会达到最佳效果。

三、从不改变健身安排

健身要有常性,不能今天练这个,明天心血来潮去练那个,应该制定一个训练计划,一旦定下来就要遵守这个计划去进行锻炼,可是,这并不是说一旦制定了计划就一成不变了。有些人一年下来执行同一个计划而不改变,这是不对的。

如果你想有一个长久的效果,那么就应该每过两个月的样子就换一下训练计划,否则,没有训练的多样性就不可能达到令人满意的效果。改变你的训练并不是说要改变每一个身体部位的每一次锻炼,如果一项锻炼效果很好,也适合你,你不妨就用它,只是简单地改变一下角度、强度或者时间长度,这可能会让你觉得更有趣,效果也会更好。

四、过度使用肩带和腰带

当提重物时,肩带和腰带是不错的工具,但不能经常使用,否则会有相反的效果,有使你的肌肉不能平衡发展的危险,另外,过度使用也会造成严重伤害,所以要有节制地使用。

五、饮食错误

饮食错误包括没有规律、挑食偏食、营养不均衡等,饮食方面的错误是一个人不能达到自己追求的锻炼效果的主要原因。蛋白质是增加肌肉的主要营养成分，另外，如果要想拥有并保持一个健康的体格，还要补充碳水化合物以及其他必须的营养。还要考虑其他的营养问题，比如每天要摄入足够的热量，喝大量的水。因为这个话题对健身来说十分重要，所以要多看一看有关常犯的营养错误方面的文章。

六、忽视身体部位

要想通过锻炼来塑造一个匀称而又健康的身体，那么进行全身锻炼就至关重要。不要只注意某一部位的锻炼而忽视另一部位的锻炼，如果那样的话你就很难有一个理想的身材。比如说腿吧，腿上的肌肉占全身肌肉的40%，可是人们往往忽视对腿部的锻炼，这就是为什么有些人有健美的上半身而两条腿却像双筷子一样支撑着身体的原因。

七、盲目练举重

每一个健身房里都能至少找出这样一个傻瓜来，他嗨哟嗨哟地努力举起超过自己能力的重量，他这样做不仅会有得疝气、椎间盘突出、关节脱臼以及撕裂肌肉的危险，他还会牺牲自己的外形。良好的外形是塑造健美身材的关键，所以一定记住，不要因为举过重的重物而牺牲了你的外形。

八、缺乏休息

如果缺少休息，那么你就会发现自己的体力下降了，效果也不会太理想。保证每天晚上有8小时高质量的睡眠，这对于保证你的身

成功男人的九大资本

体能够自我恢复是十分重要的。另外,要均衡地锻炼身体的每一个部位,不要让任何一个部位过度疲劳。避免在24~48小时内锻炼同一身体部位。

九、不增加强度

健身是一个循序渐进的过程,不能老是用同样的强度进行长期的锻炼,应该过一段时间就增加一点强度,把每一组锻炼都百分之百地做完,否则就没有意义。人们通常犯的一个错误是,每当做最后一组时,往往要节省一下体力,这真是一个大大的错误。

十、锻炼过度

比需要的时间更长,为一特殊身体部位做过多的锻炼或者过勤地去锻炼,这些都是锻炼过度的征兆。不管你相信还是不相信,过多地锻炼与根本不锻炼一样对健身来说都是无效的。为了达到最佳的效果,要有规律地进行锻炼,而且保证你的锻炼非常平等地锻炼了身体的每一个部位。记住,你无需过量锻炼,适当锻炼效果最好。